"十二五"国家重点图书出版规划项目

材料科学研究与工程技术系列

原子论在材料科学中的应用

李 莉 王 香 山本悟 著

哈尔滨工业大学出版社

内容提要

贯穿本书的基本概念是 Demokritos 思想,也即原子在空穴中处于运动状态。本书由 6 部分构成。第 1 章结合 Demokritos 思想及现代量子力学概念,提出 2 个定义,10 个公理,10 个定理。第 2 章介绍对于材料理解的一种具体手段,分子轨道法的一种改进的 Hückel 计算法。第 3 章通过电子与光子的相互作用,展开对材料结合、结构、物性及反应的基础理论的讨论。第 4 章根据基本理论,讨论实际应用材料的一些问题。具体以铝合金、镁合金、铁合金为例,对其结合、结构、物性及反应中的加工硬化、加工软化、时效硬化、时效软化等问题展开讨论。

图书在版编目(CIP)数据

原子论在材料科学中的应用/李莉,王香,山本悟著. —哈尔滨:
哈尔滨工业大学出版社,2012.12
ISBN 978 - 7 - 5603 - 3705 - 0

Ⅰ.①原… Ⅱ.①李… ②王… ③山… Ⅲ.①原子论-应用
材料科学 Ⅳ.①TB3

中国版本图书馆 CIP 数据核字(2012)第 182835 号

材料科学与工程
图书工作室

责任编辑	范业婷
封面设计	卞秉利
出版发行	哈尔滨工业大学出版社
社　　址	哈尔滨市南岗区复华四道街 10 号　邮编 150006
传　　真	0451 - 86414749
网　　址	http://hitpress.hit.edu.cn
印　　刷	黑龙江省委党校印刷厂
开　　本	787mm×1092mm　1/16　印张 13　字数 222 千字
版　　次	2012 年 12 月第 1 版　2012 年 12 月第 1 次印刷
书　　号	ISBN 978 - 7 - 5603 - 3705 - 0
定　　价	36.00 元

(如因印装质量问题影响阅读,我社负责调换)

前　言

　　材料科学已经成为经典力学,电磁学,量子力学,相对论等基础物理学的边缘学科。编者认为,材料学和基础物理学相结合将成为科学发展的方向。材料学将由理论认识向应用技术方向发展。

　　那么材料技术和材料科学之间的关系如何呢? 技术是经验的积累,受到时间和空间的制约。科学是超越制约的一种普遍性和必然性的认识体系。我们每个人都在为科学做着自己的贡献。认识具有层次性、历史性和抽象性三个方面。认识的对象是材料的结合、结构、物性和反应。作者把材料科学定义为"材料科学是不同历史阶段的物理概念和数学理论的再构造"。那么满足材料科学的具体条件是什么? 材料的结合、结构、物性和反应都是有一定层次性的。这种层次表现为,基本粒子是电子和光子,历史性表现为电子和光子是变化运动的。并且抽象的量子力学基本概念在解释它们时很重要。那么在指导材料的结合、结构、物性和反应方面,电子和光子的变化运动规律的基本概念是什么? 其基本理论就是 Demokritos 的空穴思想。电子和光子的运动即是电子和光子占据空穴,也是存在空穴电子和光子才可以运动。电子和光子的运动性,决定着结合、结构、物性和反应的特点。对于结合而言,如果存在空穴,则为金属结合,否则为共价或离子结合。对于物质结构而言,存在空穴,则物质为非局限的等方结构,否则为局限的异方结构。对于物性而言,存在空穴,则对应着电子和光子可动的物性,否则对应着电子和光子不可动的物性。对于反应而言,存在空穴则物质不稳定,反应速度快。这是《Demokritos 原子论与材料学》一书的主要思想。

　　贯穿本书的基本概念是 Demokritos 思想,也即原子在空穴中处于运动状态。本书由 6 部分构成。第 1 章结合 Demokritos 思想及现代量子力学概念,提出 2 个定义,10 个公理,10 个定理。第 2 章介绍对于材料理解的一种具体手段,分子轨道法的一种改进的 Hückel 计算法。第 3 章通过电子与光子的相互作用,展开对材料结合、结构、物性及反应的基础理论的讨论。第 4 章根据基本理论,讨论实际应用材料的一些问题。具体以铝合金、镁合金、铁合金为例,对其结合、结构、物性及反应中的加工硬化、加工软化、时效硬化、时效软化等问题展开讨论。第 5 章和第 6 章讨论吸氢材料及磁性材料的一些问题。

　　书中第 1~3 章由日本京都大学山本悟、哈尔滨工程大学张旭著共同编写,第 4~6

章由哈尔滨工程大学李莉、王香共同编写。本书在编写过程中,哈尔滨工程大学相关科研组的研究生在书稿的资料收集、文字加工等方面做了大量工作;特别是应国兵和盖鹏涛为此付出了辛勤的劳动。编者对他们无私的帮助与深情厚谊表示衷心的感谢。感谢哈尔滨工程大学研究生教材建设资金的资助。

　　由于《原子论在材料科学中的应用》一书是综合材料科学、原子物理和量子力学等学科的知识,有一定的理论深度,给编写工作带来了一些难度。编者才疏学浅,书中难免有不少缺憾,敬请各位专家学者给予批评指正,以利我们今后改进。

作　者

2011 年 8 月

目　　录

第1章　材料科学基本理论

材料科学是由层级的、历史变化的物理概念和数学方法组成的。下面讨论由定义、公理和定理构成的理论体系，这是对材料科学理解的整体理论，各分论以后详述。

宇宙中物质是变化运动的。自然科学是 Demokritos 思想在这一认识过程的发展。宇宙中的物质由基本粒子组成，基本粒子的变化运动导致宇宙的变化，并且宇宙的物质运动具有阶层性和历史性两个方面。

定义 1　宇宙是指我们生活的世界。

Demokritos 原子论认为，宇宙是不同历史层级运动的物理概念和数学理论方法的再构造。2 400 年前，哲学家 Demokritos(B. C. 460 ~ B. C. 370) 和 Epicurus(B. C. 341 ~ B. C. 270) 提出了原子和空穴的重要思想。这些思想用以下的公理进行表示。

公理 1　宇宙是由物质和空间组成的。

这是对宇宙由物质和空间组成的认识。

公理 2　物质具有阶层性，上一阶层物质由下一阶层物质组成。

这是关于物质由原子组成的阶层性观点。

公理 3　物质在空穴中处于永恒的运动之中。

这是对物质中原子运动和空穴的认识。

公理1的物质和空间理论，是量子力学和电磁学的基础。公理2的阶层性的观点是对公理 1 的发展。Demokritos、Epicurus 认为物质中不可分的基本粒子是原子，而现在已经证实，原子由原子核和核外电子组成。量子电磁学认为组成物质的基本粒子是电子和光子。所以，由前面的定义和公理可以得出定理1。

定理 1　宇宙是由电子和光子组成的。

最早提出宇宙变化运动的是 Heraclitus(B. C. 540 ~ B. C. 480)，他提出了"万物流转"学说。现在下面的理论已被普遍接受。

公理 4　宇宙是变化运动的。

由公理4 和定理1 可以推出以下定理。

定理 2　世界中物质的变化运动是电子和光子相互作用的结果。

但是,很难证明电子和光子是如何相互作用的。公理 5 给出了电子和光子之间基本的相互作用。

公理 5　电子和光子的相互作用为:

作用 1　电子能够从一个位置移动到另一个位置;

作用 2　光子能够从一个位置移动到另一个位置;

作用 3　电子能够吸收或放出光子。

自然科学认为物质在时间和空间内是有限的。

公理 6　物质在时间和空间内是有限的,从而电子和光子也是时空有限的。

量子力学不确定性原理十分重要,将在定理 3 中导出。

定理 3　量子力学中,时间和能量不确定性原理为

$$\Delta t \Delta E = h$$

式中,Δt 为电子在某一状态下的持续时间(存在寿命);ΔE 为电子能量的变化;h 为普朗克常量。

位移和动量不确定性原理为

$$\Delta x \Delta P = h$$

式中,Δx 为电子存在的领域;ΔP 为电子动量的变化。

公理 6 说明电子的存在是在时间和空间内有限的,也即 $\Delta t \neq \infty$,$\Delta x \neq \infty$。定理 3 的时间和能量不确定性关系为 $\Delta t \Delta E = h$,从而 $\Delta E \neq 0$,也即能量不确定;位移和动量不确定性关系 $\Delta x \Delta P = h$ 中,$\Delta P \neq 0$,也即动量不确定。

定理 4　某一状态下电子在有限时间范围内能量不确定,在有限空间领域内动量不确定。

定义 2　量子力学中封闭体系纯状态用波动函数表示,开放体系杂化状态用密度函数表示。电子状态用波动函数表示时,电子具有干涉性,用密度函数表示时,电子不具有干涉性。

物质的稳定性是材料领域的重要概念。因而寻求一种稳定性的量度标准非常必要。下面的两个公理就是关于稳定性量度的。

公理 7　电子稳定性用结合能 E 和能量起伏 ΔE 来度量。

电子稳定性量度中能量起伏 ΔE 在定理 4 中已有说明,其与电子持续时间有关,是

电子与光子相互作用产生的。

在计算稳定性量度时,如果是纯状态,采用波动函数计算,但若是杂化状态,则采用密度函数进行计算。

公理 8　两个稳定性量度结合能 E 的大小和能量起伏 ΔE,同样对于纯状态采用波动函数计算,对于杂化状态采用密度梯度函数计算。

利用 Hückel 半经验法对两个稳定性量度的具体计算,以后详述。

公理 9　一个状态只能被一个电子占据,不能被一个以上的电子占据,这就是 Pauli 不相容原理,也是量子力学中最著名的公理。

Pauli 不相容原理和 Heisenberg 不确定性原理是量子力学最重要的内容。量子力学的其他推论必须满足 Pauli 不相容原理和 Heisenberg 不确定性原理。下面介绍 Pauli 不相容原理在材料的结合、结构、物性及反应上的应用。

对于材料而言,材料性质决定了材料的用途,材料的组织结构又决定了材料的性质,原子的结合状态决定了材料的组织结构。通过原子结合的变化、反应来改变材料的性质。所以,材料的最终问题是结合、结构、物性及反应的问题。以下是关于材料科学方面的一些公理。

公理 10　材料的最终问题是结合、结构、物性及反应的问题。

由定理 2 和公理 10 可以看出,材料的最终问题,结合、结构、物性及反应可以用电子和光子的相互作用来解释。

量子力学在化学结合上得到了极大的应用。

定理 5　原子间通过电子相互作用结合,物质的结合趋势趋于稳定化。

由公理 2 和定理 5 可以得到以下关于物质结构的定理。

定理 6　物质的结构可以归结为原子的配置及其稳定性问题,原子的配置及其稳定性问题又可以归结为电子的结合和稳定性问题。

例如,材料变形(塑性变形),当施加外力时,原子的位置发生变化。由公理 3 可知,必须有空穴存在,原子才可以移动。量子力学中,把原子的移动问题归结为电子的移动问题进行讨论。原子的位置变化是原子间结合的变化,与电子的状态发生变化相对应。根据 Pauli 不相容原理可知,电子从一个状态迁移到另一个状态,那么另一个状态必须没有被电子占据。所以材料能否发生塑性变形,取决于是否有电子空轨道。材料塑性变形的量度就是材料的强度。电子状态能够发生变化,则材料强度就大。导电性也取决于电子能否占据空穴状态。存在空穴,则电子容易移动,是电的良导体,否则是绝缘体。耐蚀性和耐热性问题也归结为电子能否占据空穴。可以看出材料的诸多性质如塑性变形、强度、导电性、耐蚀性、耐热性都与电子能否移动有关。公理 3 中已经指出,电子能否移动取决于是否有空穴,相当于量子力学中是否有电子占据空轨道状态。下面以定理的形式进行表述。

定理 7 材料的物性(塑性变形、强度、导电性、耐蚀性、耐热性等)由电子能否占据空轨道的状态决定。

定理 7 中,把材料的物性即原子移动问题,转化为电子状态变化问题(公理 5 作用 1)。这里电子能否占据其他状态都以 Pauli 不相容原理为基础。对于材料的稳定性问题,取决于原子间的结合强弱。原子间的结合强弱决定原子移动的容易程度。而原子间结合强弱由电子决定。所以,材料的稳定性问题可归结为电子稳定性问题。例如,强度是应力作用下电子的稳定性问题,耐蚀性是腐蚀环境下电子的稳定性问题,耐热性是高温环境下电子的稳定性问题。电子的稳定性问题,可以用公理 7 中的两个稳定性量度来衡量。因而材料的性质可以通过结合能和能量变化来衡量,结合能和能量变化又可以利用分子轨道法进行计算,这样就可以对材料的性质进行评价和设计。

定理 8 可以用电子稳定性量度来衡量材料塑性变形、强度、导电性、耐蚀性、耐热性等性能。

物质的变化运动具有方向性和速度。变化的方向是由不稳定向稳定,变化的速度是不稳定程度越大,变化速度越大。根据定理 1,物质变化的方向和速度问题可以归结为电子的变化的方向和速度问题。因而就可以用结合能和能量起伏表示。物质是由能量高(结合能小)的方向,向能量低(结合能大)的方向变化,能量起伏越大,则物质变化的速度越快。

定理 9 材料中对时效、相变的反应方向和速度起作用的是结合能和能量起伏。

热激活是物质和辐射场的相互作用,换言之,是电子和光子的相互作用(公理 5 作用 3)问题。

定理 10 利用热激活可以解释溶解、沸腾、扩散和化学反应的热活化现象。

上述理论是 Demokritos 原子论思想对材料的一些指导理论。特别是公理 3,物质在空穴中处于运动状态是非常重要的概念。Demokritos 空穴概念的定义及基本概念的具体表现形式和评价方法如下:

① 量子力学中,电子的区别在于它们所占据的轨道状态不同;

② 电子的状态由波动函数表示,波动函数由四个量子数(主量子数,角量子数,磁量子数和自旋量子数) 确定;

③Pauli 不相容原理规定,1 个电子只能占据一个轨道状态,一个轨道状态只能由一个电子占据,s,p,d,f 轨道最多分别被 2,6,10,14 个电子占据;

④ 本书讨论了电子和光子的行为,公理 3 中说明物质是由电子和光子组成的,空穴就是没有被电子所占据的轨道状态;

⑤ 非活性电子状态是满席状态,也就是说:空穴数 = 非活性电子状态数 − 被电子占据的轨道状态数;

⑥ 从元素周期表上看,空穴数从左到右减少。周期表中的 sd 电子系(过渡元素),sp 电子系(典型元素),sf 电子系(稀土元素) 都是左边空穴多,右边接近满席;

⑦ 空穴的概念适用于有限原子、分子的结晶,原子和分子的结晶是波动函数具体的形式;

⑧ 本书在以后将主要讨论空穴状态。

原子的结合是电子迁移、电子状态发生变化的结果,电子能否移动又取决于是否存在空穴,电子移动的趋势是向满席非活性方向移动,因此原子的结合最终生成非活性的物质。原子利用空穴进行结合,对于结合后仍有空轨道的情况,电子可动,则是金属结合,这种情况不能用原子价概念进行解释。如果结合后不存在空轨道,电子不可动,则是共价结合或离子结合,能用原子价概念进行解释。对于材料结构而言,电子可动情况对应配位数大的密排等方结构,电子不可动情况对应配位数小的非密排异方结构(参照 3.3 物质的结构)。对于材料物性而言,电子可动情况对应导电性;导热性及塑性变形,电子不可动情况对应绝缘性、绝热性、脆性、高硬度(强度)、耐蚀性及耐热性。对于材料反应而言,电子可动性越大,反应可能性越大,否则反应可能性越小。那么,如何判断是否存在空穴? Pauli 不相容原理表明,没被电子占据的状态为空穴。非活性对应着所有轨道状态均被电子占满。利用改进的 Hückel 法通过计算 Mulliken 原子个数来计算结合能的大小。如果不存在空穴,则结合能很大,能量起伏很小,电子稳定,电负性大;如果空穴多,则结合能很小,能量起伏大,电子不稳定,电负性小(参照 3.1 电流和电负性)。如果没有空穴,则存在禁带(图 1.1(1) 中共价结合的 Si);存在空穴,则不存在禁带,只存在导带(图 1.1(a) 中金属键结合的 Al)(还可以参照 4.4 中的镁合金)。图

1.1为能级图,其中图1.1(a)为55个Al原子能级图,不存在禁带;图1.1(b)为55个Cu原子能级图,存在禁带;图1.1(c)为71个Si原子能级图,存在禁带。表1.1为空穴是否存在对材料性能的影响。

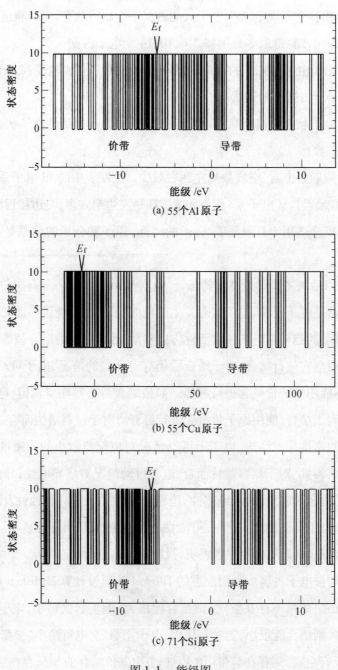

(a) 55个Al原子

(b) 55个Cu原子

(c) 71个Si原子

图1.1　能级图

表 1.1　Demokritos 的空穴思想及材料的结合、结构、物性和反应

	空穴	
	存在	不存在
电子,光子	可动	不可动
电子的稳定性	不稳定	稳定
电子配置	不饱和	饱和
禁带	不存在	存在
结合能	小	大
能量变化	大	小
电负性	小	大
结合	金属键合	共价键合,静电结合
原子价概念	无效	有效
	固溶合金	化合物
结构	非局限,等方构造 配位数小	局限,异方构造 配位数大
物性 可塑性	优	劣
电导性,导热性	优	劣
强度	劣	优
耐蚀性	劣	优
耐热性	劣	优
反应	快	慢

第 2 章　改进的 Hückel 计算法

本章主要介绍改进的 Hückel 分子轨道计算法。

2.1　改进的 Hückel 法

Hückel 法是一种分子轨道计算方法(MO)。价键理论只考虑成键原子间最外层轨道中未成对的电子在形成化学键时的贡献,但如果考虑成键原子的内层电子在成键时的贡献,显然更符合实际情况。1932 年,由美国化学家 Mulliken 和德国化学家 Hund 提出的共价键理论即分子轨道理论,考虑了分子的整体性,因此能更好地说明多原子分子结构。20 世纪30 年代,Hückel 运用原子轨道线性组合的分子轨道,经过某些近似,成功地处理了有机共轭分子,此法为 HMO 法。1965 年,美国化学家 Woodward 和 Hoffmann 提出了分子轨道对称守恒原理,在 HMO 基础上进行了改进,形成改进的 Hückel 方法,即 EHMO 方法。EHMO 方法与密度泛函中离散变分法($DV - X\alpha$) 相比,$DV - X\alpha$ 是基于第一性原理计算的,而 EHMO 法是基于量子力学体系下的一种计算数学的插值方法,是应用实验数据和计算结果拟合来确定有关参数以简化计算的半经验方法,计算量小。

2.2　改进的 Hückel 半经验分子轨道计算法

改进的 Hückel 法是分子结合情况下使用的半经验分子轨道法,适用于有机化合物及金属,在这方面已经有很多研究成果。改进的 Hückel 法利用的是原子轨道线性组合的分子轨道,其原子价轨道的线性结合

$$\Psi_i = \sum_{r=1}^{n} c_{ir} \chi \qquad (2.1)$$

例如,氢原子为 1s 轨道,碳原子为 $2s,2p_x,2p_y,2p_z$ 四个原子轨道。一个电子 r 原子轨道 Fock 积分为 H_{rr},交换积分 $H_{rs}(r \neq s)$ 是如下定义的

$$H_{rr} = \int \chi_r h \chi_r \, \mathrm{d}\tau$$

$$H_{rs} = \int \chi_r h \chi_s \, \mathrm{d}\tau \quad (r \neq s) \tag{2.2}$$

由变分法方程式得

$$|H_{rs} - ES_{rs}| = 0 \tag{2.3}$$

其中 S_{rs} 是重积分值,改进的 Hückel 法是单纯分子轨道法,不考虑 S_{rs}。所以

$$H_{rr} = -I_r$$

$$H_{rs} = \frac{K}{2} S_{rs} (H_{rr} + H_{ss}) \tag{2.4}$$

式中,I_r 是第 r 个原子的价态电离能;K 是常数,Hoffmann 认为 $K = 1.75$ 比较合适。重叠积分 S_{rs} 用于轨道计算。Fock 积分的评价法如下,p_x, p_y, p_z 相等,σ 骨架近似固定,π 电子是孤立电子。变分方程式中忽略重积分。电子密度、价键可以用 Mulliken 提出的布居进行如下定义

原子轨道布居: $\quad N_r = 2 \sum_j^{occ} \sum_s^{occ} C_{jr} C_{js} C_{rs} = \sum_s N_{rs}/2$

原子布居: $\quad M_x = \sum_r^{onX} N_r$

原子轨道结合布居: $\quad N_{rs} = 4 \sum_j^{occ} C_{jr} C_{js}$

原子键布居:

$$N_{xy} = \sum_r^{onX} \sum_s^{onY} N_{rs} \tag{2.5}$$

式中,$\sum_j^{occ}$ 是被占轨道总和;$\sum_r^{onX}$ 是 X 元素原子价轨道总和。归一化条件是

$$\sum_r \sum_s C_{jr} C_{js} C_{rs} = 1 \tag{2.6}$$

定义中 M_x 原子总布居考虑了分子中价电子总布居相等。

2.3　两个稳定性量度的计算

第 1 章公理 7 给出了两种评价稳定性的方法,即结合能和能量起伏。在改进的 Hückel 法中,结合能可由总能量和孤立原子能量的差直接求得。孤立原子能量是各电

子电离势的线性叠加。

$$结合能 = 总能量 - 孤立原子能量和 = E - \sum_{p} Ep \qquad (2.7)$$

其中

$$Ep = \sum_{r} nI_{r} \qquad (2.8)$$

式中,I_{r} 是 r 轨道电离势;n 是电子个数。

能量起伏 ΔE 用电子的最高轨道能量与空轨道能量的标准偏差来表征。参照公理 8,电子分布概率

$$(\Delta E)^{2} = \langle (E_{n} - \langle E_{n} \rangle)^{2} \rangle \qquad (2.9)$$

$$\langle E_{n} \rangle = \frac{\sum_{n=1}^{k} E_{n} \exp(-E_{n}/kT)}{\sum_{n=1}^{k} \exp(-E_{n}/kT)} \qquad (2.10)$$

结合能与稳定性对应,能量起伏是由电子激活引起的,与反应性(活度)对应。结合能的高低和能量起伏的大小是稳定性的量度,但是它们具有不同的物理意义。结合能的高低是静稳定性量度,能量起伏是动稳定性(对反应起作用)量度。

以上讨论的两个稳定性量度,是与公理 3 中描述的运动和必要的空间之间的关系,下面讨论其与结合、结构、物性及反应之间的关系。

公理 3 中描述的运动是电子的运动,所以空间是电子的空轨道。由定义式(2.9)和式(2.10)可以看出,空轨道数越多,则能量起伏越大,此时电子状态不稳定,反应速度快;空轨道数越少,则能量起伏越小,电子状态稳定,反应速度慢。另一方面,就结合能而言,稳定状态对应的结合能大。因此,结合能和能量变化是电子空轨道存在状态的定量表述。后面将要介绍的空轨道与结合性关系表明,结合后仍具有空轨道的结合是金属结合,否则是共价结合或离子结合。对于金属结合的物质,具有塑性,具有良好的导电和导热性、低耐蚀性和低耐热性;而共价结合和离子结合的物质,具有脆性,是电和热的不良导体,具有耐蚀性和耐热性。

第3章 电子、光子的行为及材料的结合、结构、物性、反应

3.1 电流和电负性

第1章公理5分析了材料中电子的行为,而研究电子行为的基本概念就是电负性。电负性用来表征原子吸引电子的能力,是决定电子行为的极其重要的物理量。典型的电负性有 L. Pauling, R. T. Sanderson 和 J. C. Philips 三种,表3.1为几种电负性的定义及性质。表3.2为各元素的电负性。

表 3.1　电负性的定义及性质

	L. Pauling	R. T. Sanderson	J. C. Philips
物理意义	分子内原子对电子的吸引能力	电负性 $= \dfrac{Z_{\text{eff}} e^2}{r^2}$ 式中,Z_{eff} 为有效核电荷数;r 为核 - 电子之间距离。对电负性起作用的是最外层电子。	电负性 $= \dfrac{Z_A e^2}{r_A}$ 式中,Z_A 为元素 A 的核电荷数;r_A 为元素 A 的核 - 电子间距离。
电负性的决定因素	(1) 标准状态物质的生成热 $Q(\text{J/mol}) = 23 \sum (X_A - X_B)^2 -$ 　　$55.4 n_N - 26.0 n_O$ 式中,n_N 为分子中的 N 原子数;n_O 为分子中的 O 原子数。 (2) H 原子的电负性 $X_H = 2.05$	原子的相对原子质量 $\propto$ 电负性 平均电子密度 $D = \dfrac{Z}{(4\pi r^3 / 3)}$ 式中,Z 为原子序数;r 为非极性共价半径。 电负性 $S = D / D_1$ D_1 为某元素假定是类似于稀有气体原子那样的平均电子密度。	(1) $C(A, B) =$ 　　$b(Z_A e^2 / r_A - Z_B e^2 / r_B) \cdot$ 　　$\exp(-k_s l_{AB} / 2)$ 式中,b 为常数,经验证明为 1.5。 $E_g = E_h + iC$ 式中,E_h 为共价键能量;C 为离子键能量。 (2) 以 Li(1.00) ~ F(4.00) 为标准。

续表 3.1

	L. Pauling	R. T. Sanderson	J. C. Philips
性质	(1) 电负性 ∝ {(电离能) + (电子亲和能)}/2 (2) 与金属的相系数 Ψ $\Psi = 2.27X + 0.34(eV)$ 式中,X 为电负性。 (3) 元素的化学性质 　金属:$X < 2$ 　非金属:$X > 2$ (4) 结合部分电离性和电负性 电离性 $= 1 - \exp\{-(X_A - X_B)^2\}$ $|X_A - X_B| = 1.7$,占电离性的 50%。 (5) 与生成焓的关系见定义。 (6) H 的化合物具有抗磁性,其对电负性有影响。	(1) 同种原子间共价键能及电负性与有效电荷及共价半径的比例关系为 $E \propto \dfrac{Z_{eff}e^2}{r}, S \propto \dfrac{Z_{eff}e^2}{r^2}$ 因此 $E = CrS$ 式中,r 为共价半径;C 为比例常数。 (2) 键能受键距及极性影响。 (3) 电负性不仅对不同的原子间,对同种原子也起作用。 (4) 开始电负性不同的两种以上原子结合后,在化合物内部被调整为同等价位(等价原理)。 (5) 离子性能量不是共价键能基础上相加而是被置换的能量。	(1) 共价键性程度 $f_h = (E_h^2/E_g^2)$ 离子键性程度 $f_i = (E_i^2/E_g^2)$ (2) L. Pauling 的电负性通过跟其他诸多性质有关 $C(A,B) = 5.75\Delta X$

表 3.2　元素的电负性

(a) Pauling

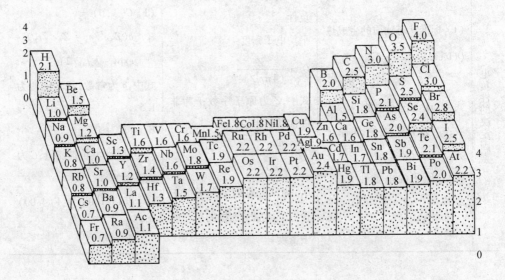

(b) Phillips

Li	Be	B	C	N	O	F
1.00	1.50	2.00	2.50	3.00	3.50	4.00
Na	Mg	Al	Si	P	S	Cl
0.72	0.95	1.18	1.41	1.64	1.8	2.10
Cu	Zn	Ga	Ge	As	Se	Br
0.79	0.91	1.13	1.35	1.57	1.79	2.01
Ag	Cd	In	Sn	Sb	Te	I
0.57	0.83	0.99	1.15	1.31	1.47	1.63
Au	Hg	Tl	Pb	Bi		
0.64	0.79	0.94	1.09	1.24		

(c) Sanderson

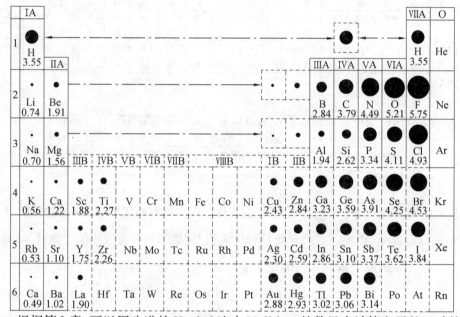

根据第 2 章, 可以用改进的 Hückel 法中 Mulliken 的数目来计算电子的运动轨迹。例如 X – Y(X 和 Y 是周期表中的任意元素) 二元体系, 计算原子数时, X 元素中性孤立原子的原子数减少, Y 元素中性孤立原子数增大, 则意味着 X 上的电子向 Y 上移动, Y 的电负性大于 X。表 3.3 为元素的电负性顺序表。

利用改进的 Hückel 法计算元素电负性序列时, 所得计算结果与 L. Pauling, R. T. Sanderson, J. C. Philips 的元素电负性顺序一致。 在 L. Pauling, R. T. Sanderson, J. C. Philips 的结果中没有稀土元素的电负性, 稀土元素电负性很大, 是合金中重要的元素。例如, 铝合金、镁合金中稀土元素的加入可以改善耐热性, 就是利用了稀土元素具有很大的电负性(参照第 4 章的铝合金和镁合金部分)。稀土元素在永磁材料中也具有一定的地位(参照第 5 章的磁性材料部分)。在元素周期表中,sd 电子系(过渡元素)、sp 电子系(典型元素) 和 sf 电子系(稀土元素) 的电负性都是从左到右逐渐增加。也即空穴越多原子的电负性越小,空穴越少原子的电负性越大。

表 3.3　利用改进的 Hückel 法计算元素的电负性顺序

1 H 13																	2 He
3 Li 72	4 Be 40											5 B 31	6 C 18	7 N 3	8 O 2	9 F 1	10 Ne
11 Na 74	12 Mg 69											13 Al 60	14 Si 39	15 P 30	16 S 12	17 Cl 4	18 Ar
19 K 76	20 Ca 73	21 Sc 68	22 Ti 49	23 V 43	24 Cr 34	25 Mn 33	26 Fe 27	27 Co 25	28 Ni 24	29 Cu 45	30 Zn 62	31 Ga 58	32 Ge 44	33 As 41	34 Se 28	35 Br 35	35 Kr
37 Rb 77	38 Sr 75	39 Y 71	40 Zr 53	41 Nb 46	42 Mo 36	43 Tc 29	44 Ru 21	45 Rh 16	46 Pd 19	47 Ag 52	48 Cd 66	49 In 61	50 Sn 56	51 Sb 51	52 Te 50	53 I 42	54 Xe
55 Cs 78	56 Ba 79	57 La 65	72 Hf 54	73 Ta 47	74 W 37	75 Re 32	76 Os 26	77 Ir 20	78 Pt 23	79 Au 48	80 Hg 67	81 Tl 63	82 Pb 59	83 Bi 57	84 Po 64	85 St	86 Rn
87 Fr	88 Ra	89 Ac															

58 Ce 22	59 Pr 17	60 Nd 15	61 Pm 14	62 Sm 11	63 Eu 10	64 Gd 9	65 Tb 8	66 Dy 7	67 Ho 6	68 Er 5	69 Tm 38	70 Yb 55	71 Lu 70
90 Th	91 Pa	92 U	93 Np	94 Pu	95 Am	96 Cm	97 Bk	98 Cf	99 Es	100 Fm	101 Md	102 No	103 Lr

电负性相差很大的 X – Y 二元体系,在结合过程中具有很大的电流。例如图3.1所示的 Na – Cl 二元系,50% Cl 时结合能具有极大值,能量起伏具有极小值。此时 Na 的原子数是 0.032,Cl 的原子数是 7.976,电子变化如下:

$$\text{Na} \longrightarrow \text{Na}^+ + e^-, \qquad \text{Cl} + e^- \longrightarrow \text{Cl}^-$$

Na 的电子配置由 s^1 向 s^0 变化,Cl 的电子配置由 $s^2 p^5$ 向 $s^2 p^6$ 变化,Na 和 Cl 都是最终组成非活性的电子配置。

图 3.2 是 Cs – Fe 二元体系,成分为 Cs – 20% Fe 和 Cs – 33% Fe 时,结合能具有极大值,能量起伏具有极小值。当成分为 Cs – 20% Fe 时,Cs 的原子数是 0.060,Fe 的原子数是 11.800,当成分为 Cs – 33% Fe 时,Cs 的原子数是 0.000,Fe 的原子数是 9.999。电子流方向如下:

$$\text{Cs} \longrightarrow \text{Cs}^+ + e^-, \qquad \text{Fe} + 4e^- \longrightarrow \text{Fe}^{-4}$$

$$\text{Cs} \longrightarrow \text{Cs}^+ + e^-, \qquad \text{Fe} + 2e \longrightarrow \text{Fe}^{-2}$$

Cs – 20% Fe 中 Cs 的电子配置由 s^1 变化到 s^0,Fe 原子的电子配置由 $d^6 s^2$ 变化到

$d^{10}s^2$，而在 Cs – 33% Fe 体系中 Fe 原子的电子配置变化为 d^{10}。

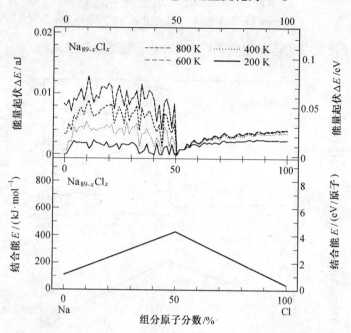

图 3.1　Na – Cl 二元体系结合能及能量变化相对于化学组分的变化 $Na_{89-x}Cl_x$ 表示

体心立方格子中 Na 原子被 Cl 原子置换的情况，x 等于 89 时全部为 Cl 原子

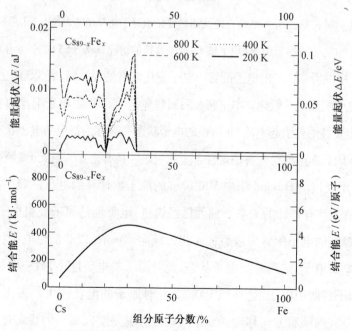

图 3.2　Cs – Fe 二元体系结合能及能量变化相对于化学组分的变化 $Cs_{89-x}Fe_x$ 表示

体心立方格子中 Cs 原子被 Fe 原子置换的情况，x 等于 89 时全部为 Fe 原子

图 3.3 是 Nd – Fe 二元体系,当成分为 Nd – 50% Fe 时,电子流方向如下:

$$Fe \longrightarrow Fe^{+8} + 8e^-, \qquad Nd + 8e^- \longrightarrow Nd^{-8}$$

Fe 的电子配置由 d^6s^2 变化到 d^0s^0,Nd 的电子配置由 f^6 变化到 f^{14}。

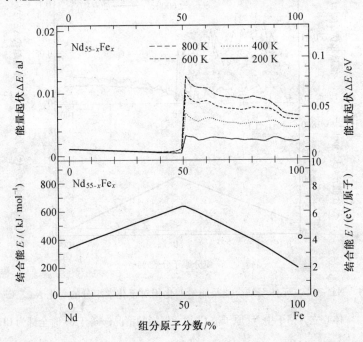

图 3.3   Nd – Fe 二元体系结合能及能量变化相对于化学组分的变化 $Nd_{55-x}Fe_x$ 表示

体心立方格子中 Nd 原子被 Fe 原子置换的情况,x 等于55 时 全部为 Fe 原子

表3.4是中性孤立原子的电子配置。电子变化结果见表3.5。表3.5给出的稳定电子配置是非活性电子配置的一般化。本书将在后面解释电子的移动,电子配置的变化。

元素间电负性的差引起电流,非活性的电子状态一般称为稳定的电子状态,电流是产生稳定化的根本因素。电流对改善稳定性合金的耐热性具有重要的意义(参照第4章)。

表3.3(用改进的 Hückel 法中 Mulliken 的原子数计算的电负性顺序) 和表3.5(稳定和电子配置) 具有密切的关系。前面已经说过,电负性是原子吸引电子的能力,可以从表3.5 中稳定的电子配置中理解稳定化的倾向。一般,以非活性电子状态为基准,原子将释放过剩的电子,达到稳定电子状态,此时原子的电负性小,另一方面,对于不足的电子状态,原子将吸引电子,达到稳定状态,此时原子的电负性大。表 3.5 中稳定电子配置都是由空穴向满席方向移动。原子间的结合就是空穴减少的稳定化过程。

表3.4　中性孤立原子的电子配置

	IA	IIA	IIIA	IVA	VA	VIA	VIIA	VIII1	VIII2	VIII3	IB	IIB	IIIB	IVB	VB	VIB	VIIB	0
2s	Li³ $2s$	Be⁴ $2s^2$											B⁵ $2s^22p$	C⁶ $2s^22p^2$	N⁷ $2s^22p^3$	O⁸ $2s^22p^4$	F⁹ $2s^22p^5$	Ne¹⁰ $2s^22p^6$
3s	Na11 $3s$	Mg12 $3s^2$											Al13 $3s^23p$	Si14 $3s^23p^2$	P15 $3s^23p^3$	S16 $3s^23p^4$	Cl17 $3s^23p^5$	Ar18 $3s^23p^6$
4s	K19 $4s$	Ca20 $4s^2$	Sc21 $3d\ 4s^2$	Ti22 $3d^2\ 4s^2$	V23 $3d^3\ 4s^2$	Cr24 $3d^5\ 4s$	Mn25 $3d^5\ 4s^2$	Fe26 $3d^6\ 4s^2$	Co27 $3d^7\ 4s^2$	Ni28 $3d^8\ 4s^2$	Cu29 $3d^{10}\ 4s$	Zn30 $3d^{10}\ 4s^2$	Ga31 $4s^24p$	Ge32 $4s^24p^2$	As33 $4s^24p^3$	Se34 $4s^24p^4$	Br35 $4s^24p^5$	Kr36 $4s^24p^6$
5s	Rb37 $5s$	Sr38 $5s^2$	Y39 $4d\ 5s^2$	Zr40 $4d^2\ 5s^2$	Nb41 $4d^4\ 5s$	Mo42 $4d^5\ 5s$	Tc43 $4d^6\ 5s$	Ru44 $4d^7\ 5s$	Rh45 $4d^8\ 5s$	Pd46 $4d^{10}\ —$	Ag47 $4d^{10}\ 5s$	Cd48 $4d^{10}\ 5s^2$	In49 $5s^25p$	Sn50 $5s^25p^2$	Sb51 $5s^25p^3$	Te52 $5s^25p^4$	I53 $5s^25p^5$	Xe54 $5s^25p^6$
6s	Cs55 $6s$	Ba56 $6s^2$	La57 $5d\ 6s^2$	Hf72 $4f^{14}\ 5d^2\ 6s^2$	Ta73 $5d^3\ 6s^2$	W74 $5d^4\ 6s^2$	Re75 $5d^5\ 6s^2$	Os76 $5d^6\ 6s^2$	Ir77 $5d^7\ 6s^2$	Pt78 $5d^9\ 6s$	Au79 $5d^{10}\ 6s$	Hg80 $5d^{10}\ 6s^2$	Tl81 $6s^26p$	Pb82 $6s^26p^2$	Bi83 $6s^26p^3$	Po84 $6s^26p^4$	At85 $6s^26p^5$	Rn86 $6s^26p^6$
7s	Fr87 $7s$	Ra88 $7s^2$	Ac89 $6d\ 7s^2$															

Ce58 $4f^2\ 6s^2$	Pr59 $4f^3\ 6s^2$	Nd60 $4f^4\ 6s^2$	Pm61 $4f^5\ 6s^2$	Sm62 $4f^6\ 6s^2$	Eu63 $4f^7\ 6s^2$	Gd64 $4f^7\ 5d\ 6s^2$	Tb65 $4f^9\ 6s^2$	Dy66 $4f^{10}\ 6s^2$	Ho67 $4f^{11}\ 6s^2$	Er68 $4f^{12}\ 6s^2$	Tm69 $4f^{13}\ 6s^2$	Yb70 $4f^{14}\ 6s^2$	Lu71 $4f^{14}\ 5d\ 6s^2$
Th90 $—\ 6d^2\ 7s^2$	Pa91 $5f^2\ 6d\ 7s^2$	U92 $5f^3\ 6d\ 7s^2$	Np93 $5f^5\ 7s^2$	Pu94 $5f^6\ 7s^2$	Am95 $5f^7\ 7s^2$	Cm96 $5f^7\ 6d\ 7s^2$	Bk97 $5f^8\ 6d\ 7s^2$	Cf98 $5f^{10}\ 7s^2$	Es99 $5f^{11}\ 7s^2$	Fm100 $5f^{12}\ 7s^2$	Md101 $5f^{13}\ 7s^2$	No102 $5f^{14}\ 7s^2$	Lr103 $5f^{14}\ 6d\ 7s^2$

表 3.5 稳定性的电子配置

元素
供体
受体

1	2	3	4	5	6	7	8	9	10	11	12	13	14	15	16	17	18
1 H / s^0d^0 / s^2																	2 He
3 Li / s^0 / s^2	4 Be / s^0 / s^2p^6											5 B / s^2p^0, s^0p^0 / s^2p^6	6 C / s^2p^0, s^0p^0 / s^2p^6	7 N / — / s^2p^6	8 O / — / s^2p^6	9 F / — / s^2p^6	10 Ne
11 Na / s^0 / s^2	12 Mg / s^0 / s^2p^6											13 Al / s^2p^0, s^0p^0 / s^2p^6	14 Si / s^2p^0, s^0p^0 / s^2p^6	15 P / s^2p^0, s^0p^0 / s^2p^6	16 S / s^2p^0 / s^2p^6	17 Cl / s^2p^0 / s^2p^6	18 Ar
19 K / s^0 / —	20 Ca / s^0 / —	21 Sc / s^0d^0 / —	22 Ti / s^0d^0 / $d^{10}, d^{10}s^2$	23 V / s^0d^0 / $d^{10}, d^{10}s^2$	24 Cr / s^0d^0 / $d^{10}, d^{10}s^2$	25 Mn / s^0d^0 / $d^{10}, d^{10}s^2$	26 Fe / s^0d^0 / $d^{10}, d^{10}s^2$	27 Co / s^0d^0 / $d^{10}, d^{10}s^2$	28 Ni / s^0d^0 / $d^{10}s^2$	29 Cu / $d^{10}s^0, d^0s^0$ / $d^{10}s^2$	30 Zn / s^0 / —	31 Ga / s^2p^0, s^0p^0 / —	32 Ge / s^2p^0, s^0p^0 / s^2p^6	33 As / s^2p^0, s^0p^0 / s^2p^6	34 Se / s^2p^0 / s^2p^6	35 Br / s^2p^0 / s^2p^6	36 Kr
37 Rb / s^0 / —	38 Sr / s^0 / —	39 Y / s^0d^0 / —	40 Zr / s^0d^0 / $d^{10}, d^{10}s^2$	41 Nb / s^0d^0 / $d^{10}, d^{10}s^2$	42 Mo / s^0d^0 / $d^{10}, d^{10}s^2$	43 Tc / s^0d^0 / $d^{10}, d^{10}s^2$	44 Ru / s^0d^0 / $d^{10}, d^{10}s^2$	45 Rh / s^0d^0 / $d^{10}, d^{10}s^2$	46 Pd / s^0d^0 / s^0d^0	47 Ag / $d^{10}s^0, d^0s^0$ / $d^{10}s^2$	48 Cd / s^0 / —	49 In / s^2p^0, s^0p^0 / —	50 Sn / s^2p^0, s^0p^0 / s^2p^6	51 Sb / s^2p^0, s^0p^0 / s^2p^6	52 Te / s^2p^0 / s^2p^6	53 I / s^2p^0, s^0p^0 / s^2p^6	54 Xe
55 Cs / s^0 / —	56 Ba / s^0 / —	57 La / s^0d^0 / —	72 Hf / s^0d^0 / $d^{10}, d^{10}s^2$	73 Ta / s^0d^0 / $d^{10}, d^{10}s^2$	74 W / s^0d^0 / $d^{10}, d^{10}s^2$	75 Re / s^0d^0 / $d^{10}, d^{10}s^2$	76 Os / s^0d^0 / $d^{10}, d^{10}s^2$	77 Ir / s^0d^0 / $d^{10}, d^{10}s^2$	78 Pt / s^0d^0 / $d^{10}s^2$	79 Au / $d^{10}s^0, d^0s^0$ / $d^{10}s^2$	80 Hg / s^0 / —	81 Tl / s^2p^0, s^0p^0 / —	82 Pb / s^2p^0, s^0p^0 / s^2p^6	83 Bi / s^2p^0, s^0p^0 / s^2p^6	84 Po / s^2p^0 / s^2p^6	85 At / —	86 Rn
87 Fr	88 Ra	89 Ac															

镧系与锕系：

58 Ce / s^0d^0 / f^{14}	59 Pr / s^0d^0 / f^{14}	60 Nd / s^0d^0 / f^{14}	61 Pm / s^0d^0 / f^{14}	62 Sm / s^0d^0 / f^{14}	63 Eu / s^0d^0 / f^{14}	64 Gd / s^0d^0 / f^{14}	65 Tb / s^0d^0 / f^{14}	66 Dy / f^{14} / f^{14}	67 Ho / f^{14} / f^{14}	68 Er / s^0d^0 / f^{14}	69 Tm / f^{14} / s^0d^0	70 Yb / f^{14} / s^0d^0	71 Lu / f^{14} / s^0d^0
90 Th	91 Pa	92 U	93 Np	94 Pu	95 Am	96 Cm	97 Bk	98 Cf	99 Es	100 Fm	101 Md	102 No	103 Lr

3.2 物质的结合

3.2.1 物质的结合及电子的行为

原子间结合的问题可以从以下三个方面考虑。

1. 电子的状态和 Pauli 不相容原理

量子力学中,电子的状态用波动函数表示。结合前是孤立的原子,波动函数是原子轨道状态,结合后变成分子,波动函数是分子轨道状态。孤立原子和分子的波动函数的具体形式不同,量子力学中 Pauli 不相容原理适用于波动函数,也就是说 Pauli 不相容原理满足波动方程的解。

2. 电子的动结合和稳定化

电子由不稳定的状态向稳定的状态变化。孤立原子结合成分子,发生结晶变化,电子由孤立原子的不稳定状态变化成结晶分子的稳定状态。也就是说,结合使电子的状态稳定化。孤立原子结合的稳定化是空穴向满席变化的过程。

3. 电负性

电负性是原子吸引电子的能力,电子从电负性小的原子向电负性大的原子方向移动。电负性小的原子和电负性大的原子之间的电子移动是向空穴减少、非活性的满席状态方向移动的过程。原子间的电负性差产生结合,结合可分为共价结合、金属结合和离子结合。

原子间的结合是从电子的状态(波动函数)和稳定性的方面考查电子的移动。后面将给出用改进的 Hückel 法计算的材料的结合性结果。

3.2.2 化学结合的种类

表 3.6 为化学结合的种类。化学结合分为共价结合、金属结合、离子结合和分子结合。其中共价结合是分析其他各种结合的基础,共价结合是电子对共有的结合,结合能本质是量子力学交换能;金属结合是电子不足的共价结合;离子结合是电子对不共价的结合,相当于电子从一个原子完全移动到另一个原子。因此,共价结合结合能的计算重叠积分和交换积分为零,结合的本质是共有电荷的荷间力,结合能从量子力学的交换能向电离能变化。

表 3.6 化学结合的种类

	饱和(saturation)				稳定性	相互作用的性质
	轨道和电子数		电荷			
	结合前	结合后	结合前	结合后		
共价结合	不饱和	饱和	饱和	饱和	稳定	交换能
金属结合	不饱和	不饱和	饱和	饱和	稳定	电子不足(共用)
离子结合	饱和	饱和	不饱和	饱和	稳定	电离能
分子结合	饱和	饱和	饱和	饱和	不稳定	电双极子间力

分子结合的本质是共价结合和静电结合的组合,分子之间通过电双极子间的相互作用结合。可见,各种结合是相互关联的,表 3.6 中各种结合的关系介绍如下。

1.4 种相互作用和化学结合

① 强相互作用;② 弱相互作用;③ 电磁相互作用;④ 重力相互作用。

2. 结合的种类及本质

(1) 结合的饱和程度

① 结合轨道和电子;② 电荷 —— 中性。

(2) 变化 —— 平均值(定常)

(3) 相互作用的性质

金属的塑性变形能力、导电性、导热性、吸水性等性质与金属结合后电子占据的状态密切关系。

3.2.3 Mulliken 的数目法对各种结合性的判定

本节主要介绍如何利用改进的 Hückel 法计算结果对四种结合性进行判定,首先可以用原子结合数和原子数进行判定,其次还可以用结合能对四种结合进行判定。

① 共价结合:原子结合数是正的较大的数,原子数与中性孤立原子的相同;

② 金属结合:原子结合数是正的较小的数,原子数与中性孤立原子的相差很小;

③ 离子结合:原子结合数是零或负数,原子数比中性孤立原子的大很多;

④ 分子结合:原子结合数是零,原子数与中性孤立原子的相同;

⑤ 反结合性:原子结合数是负数,原子数与中性孤立原子的相同。

实际上,现实中的化学结合是各种结合性的混合。表 3.7 列举了一些利用原子结合数和原子数作为结合性判据,判断共价结合、金属结合、离子结合的典型例子。

表 3.7　**Mulliken** 的数目结合性的判定

原子的结合（例子）		原子数	原子结合数
共价结合	H₂	1.000（H）	0.403（ H—H ）
	O₂	6.000（O）	0.417（ O—O ）
	F₂	7.000（F）	0.142（ F—F ）
金属结合	Na	1.000（Na）	0.061（ Na—Na ）
	Fe	8.000（Fe）	0.097（ Fe—Fe ）
	Cu	1.000（Cu）	0.053（ Cu—Cu ）
离子结合	NaCl	0.051（Na），7.949（Cl）	0.001（ Na—Cl ）
	CsCl	0.004（Cs），7.996（Cl）	0.000（ Cs—Cl ）
	Al₂O₃	1.101（Al），7.933（O）	0.006（ Al—O ）

注：原子数和原子结合数是利用改进的 Hückel 法计算的。

3.2.4　结合性和元素周期表

单元素物质的原子结合数如图 3.4 所示，原子数及原子结合数见表 3.8，具有周期性变化。

（1）过渡元素是从 ⅠA 族到 ⅥA 族，原子结合数先增大，后减小；

（2）典型元素是以分子和化合物形式出现的，双原子分子中 N 分子的原子结合数最大，化合物中，ⅣB 族的原子结合数最大；

（3）稀土元素的内壳层是 f 轨道，具有小的原子结合数。

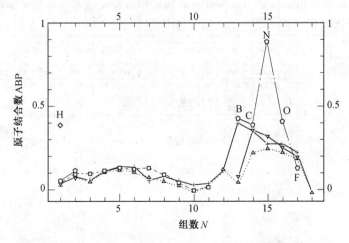

图 3.4　利用改进的 Hückel 法计算的单元素物质的原子结合数

　　过渡元素中 ⅣA ~ ⅥA 族,典型元素中 ⅢB ~ ⅤB 族的原子结合数最大,后面介绍的材料的物性与其有很大关系。过渡元素 ⅣA ~ ⅥA 族,典型元素 ⅢB ~ ⅤB 族的熔点和结合能及强度具有极大值,它们的原子结合数也具有极大值,这与共价结合具有极大的分离能对应。

　　电子的稳定性配置(表3.5)具有周期性,在周期表中,电子的状态用 s,p,d,f 四个轨道表示。各轨道的最大电子数是 s 轨道 2 个,p 轨道 6 个,d 轨道 10 个,f 轨道 14 个,最稳定的电子配置是惰性元素的电子配置。一般各轨道满带的状态稳定,即 s^2,p^6,d^{10},f^{14} 状态稳定。不稳定的电子状态是满带状态的前后电子状态。周期表中稳定的族是 ⅡA、ⅤA、和 ⅥA 族。不稳定的是 ⅠA、ⅣA、ⅦB 族,其结合方式是离子结合。图3.5 为元素结合性的周期规律。

表 3.8　利用改进的 Hückel 法计算的单元素物质的原子数及原子结合数

1 H 1.000 0.403																	2 He
3 Li 0.740 0.071	4 Be 1.603 0.128	布居数 原子数 原子结合数										5 B 3.298 0.434	6 C 3.824 0.397	7 N 5.000 0.885	8 O 6.000 0.417	9 F 7.000 0.142	10 Ne
11 Na 0.856 0.061	12 Mg 1.817 0.092											13 Al 2.574 0.097	14 Si 3.808 0.368	15 P 4.595 0.262	16 S 6.066 0.262	17 Cl 7.000 0.208	18 Ar
19 K 0.897 0.059	20 Ca 1.893 0.101	21 Sc 3.713 0.078	22 Ti 4.151 0.131	23 V 4.694 0.156	24 Cr 5.341 0.154	25 Mn 6.565 0.074	26 Fe 7.106 0.097	27 Co 7.881 0.070	28 Ni 9.410 0.049	29 Cu 10.864 0.053	30 Zn 1.895 0.130	31 Ga 2.870 0.409	32 Ge 3.810 0.361	33 As 4.546 0.282	34 Se 5.702 0.282	35 Br 7.000 0.232	36 Kr
37 Rb 0.932 0.058	38 Sr 1.932 0.101	39 Y 3.433 0.068	40 Zr 4.196 0.124	41 Nb 4.893 0.138	42 Mo 5.571 0.125	43 Tc 6.834 0.091	44 Ru 7.298 0.069	45 Rh 7.654 0.042	46 Pd 10.000 0.010	47 Ag 10.934 0.034	48 Cd 1.897 0.137	49 In 3.168 0.062	50 Sn 3.538 0.233	51 Sb 4.579 0.255	52 Te 5.649 0.233	53 I 7.000 0.197	54 Xe
55 Cs 0.971 0.057	56 Ba 1.859 0.117	57 La 3.383 0.133	72 Hf 4.315 0.150	73 Ta 4.980 0.14	74 W 5.656 0.147	75 Re 6.417 0.109	76 Os 7.112 0.060	77 Ir 7.690 0.014	78 Pt 10.000 0.014	79 Au 10.915 0.036	80 Hg －	81 Tl 2.636 0.112	82 Pb 3.199 0.078	83 Bi 4.572 0.270	84 Po 5.696 0.089	85 At	86 Rn
87 Fr	88 Ra 2.093 0.031	89 Ac 3.089 0.077															

58 Ce 4.306 0.003	59 Pr 5.325 0.002	60 Nd 6.559 0.001	61 Pm 7.201 0.001	62 Sm 8.495 0.001	63 Eu 8.572 0.000	64 Gd 9.490 0.001	65 Tb 10.068 0.000	66 Dy 11.486 0.000	67 Ho 12.377 0.000	68 Er 14.000 0.000	69 Tm 15.495 0.074	70 Yb 16.598 0.105	71 Lu 17.488 0.146
90 Th 3.331 0.158	91 Pa	92 U 4.826 0.264	93 Np 4.995 0.176	94 Pu 6.891 0.220	95 Am	96 Cm 9.538 0.390	97 Bk	98 Cf	99 Es	100 Fm	101 Md	102 No	103 Lr

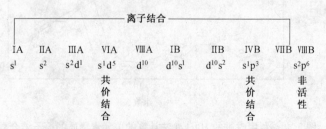

图 3.5　电子流及结合性的周期规律

3.3　物质的结构

3.3.1　物质的结构概述

物质的结构可以归结为原子的空间配置和稳定性问题。本节介绍关于物质结构的一些基本原理。

(1)Pauli 不相容原理

Pauli 不相容原理规定不能有两个以上电子占据同一轨道状态(轨道状态由 4 个量子数决定),此原理对原子的空间配置起主要作用。

(2)能量最低原理

物质具有能量最低的倾向,从而物质结构也倾向于能量最低的结构。此原理对稳定性起主要作用。

原子的以上两个原理是考查电子结构的原理,也应用于考查分子结晶。

对上面的观点具体的理解就是物质结合和结构之间关系的深入。表 3.6 为结合的种类,即共价结合、金属结合、离子结合和分子结合。4 种结合中相互作用的本质是不同的。物质的结构是使物质结合后能量最低的结构。物质的结构是以电子结构为基础的。共价结合、金属结合、离子结合及分子结合之间的结合方式不同,致使结合后能量最低的空间结构不同。

对于共价结合,结合轨道最大重叠时能量最小,区域稳定。从而可以理解为"结合轨道最大重叠原理"时结构稳定。金属结合时,结合的性质是配位数大。离子结合时,电离能最低的结构由半径比决定。分子结合时,是形成电双极子相互作用能量最低的结构。对构造的理解可参照图 3.6。

对物质结构理解的理论

(1)量子力学对物质结构的解释

$$H\psi = E\psi - \begin{cases} \text{原子的空间配置} \longrightarrow \psi \text{ 的位相} \\ \qquad\qquad\qquad\qquad \text{结合的饱和程度} \\ E \text{ 的值} \end{cases}$$

(2)能量最低的几何配置

共价结合的结构:结合能最大,原子价结合法(杂化轨道)

金属结合的结构:能量最低,分子轨道法(改进的 Hückel 法)

离子结合的结构:离子结合能最低,半径比(Madelung 常数)

分子结合的结构:能量最低,最密结构

图 3.6　对结构的理解

原子之间的结合由原子的电子结构决定。原子的电子结构见表 3.9。各轨道容纳电子的最大个数是:s 轨道 2 个,p 轨道 6 个,d(e_g) 轨道 4 个,d(t_{2g}) 轨道 6 个。下面讨论电子结合的种类及结构。

表 3.9 原子的电子结构

族名	电子结构
ⅠA	$p^6 s^1$
ⅡA	$p^6 s^2$
ⅢA	$p^6 d^1(e_g) s^2$
ⅣA	$p^6 d^2(e_g) s^2$
ⅤA	$p^6 d^3(e_g) s^2, p^6 d^4(e_g) s^1$
ⅥA	$p^6 d^4(e_g) s^2, p^6 d^4(e_g) d^1(t_{2g}) s^1$
ⅦA	$d^4(e_g) d^1, (t_{2g}) s^2$
Ⅷ₁	$d^4(e_g) d^2(t_{2g}) s^2, d^4(e_g) d^3(t_{2g}) s^1$
Ⅷ₂	$d^4(e_g) d^3(t_{2g}) s^2, d^4(e_g) d^4(t_{2g}) s^1$
Ⅷ₃	$d^4(e_g) d^4(t_{2g}) s^2, d^4(e_g) d^6(t_{2g})$
ⅠB	$d^4(e_g) d^6(t_{2g}) s^1$
ⅡB	$d^4(e_g) d^6(t_{2g}) s^2$
ⅢB	$s^2 p^1$
ⅣB	$s^2 p^2$
ⅤB	$s^2 p^3$
ⅥB	$s^2 p^4$
ⅦB	$s^2 p^5$
0	$s^2 p^6$

3.3.2 物质的结合性与结构

1. 共价结合性固体

共价结合是电子的空穴轨道重叠形成的结合。这种结合,一个轨道与一对电子对应,s 轨道、p 轨道、d 轨道的结合情况见表3.9。根据 Pauli 不相容原理,各轨道电子的最大数量为 s 轨道 2 个,p 轨道 6 个,d(e_g) 轨道 4 个,d(t_{2g}) 轨道 6 个。图3.7 给出了共价结合物质的结构。

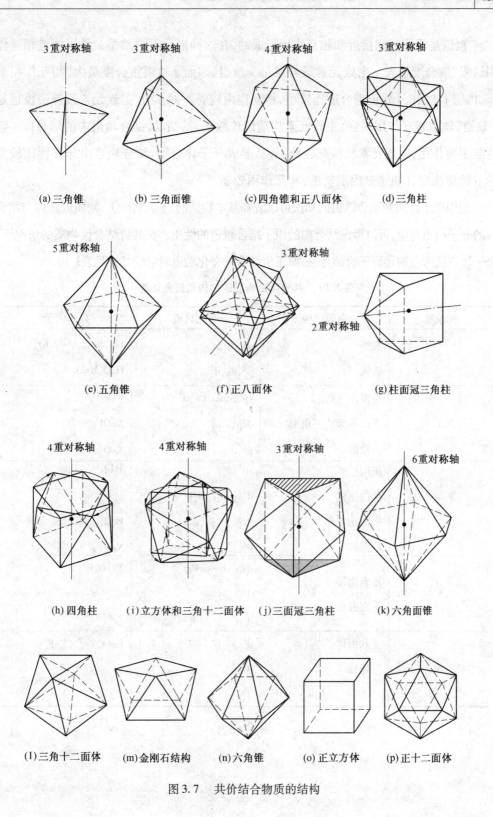

图 3.7 共价结合物质的结构

　　轨道是原子互相接近和相互作用形成的,在这种情况下自然是最外层轨道相互作用最强,重合度最大。主族元素最外层是 s 轨道,因而 s 轨道重合度最大,相互作用最强,内层 p 轨道、d 轨道重合度比较小,相互作用较弱。一方面,副族元素最外层轨道是 p 轨道,轨道相互作用最强,主族元素构造配位数大,易结晶,结合轨道中的球对称 s 轨道起主要作用,副族元素结构配位数小,易形成分子化合物,结合轨道由异方性比较大的 p 轨道决定,f 轨道是内层轨道,相互作用较弱。

　　利用电子结构和结合轨道的知识可以解释基本物质的构造,实际上,物质的结构与结合后的分子轨道对应,可以考虑结合前的原子结合轨道的性质。在共价结合性物质的情况下,分子轨道法考虑的是原子价结合法,原子价结合的杂化轨道对应的结构见表3.10。

表 3.10　共价结合物质的结构和结合轨道

配位数	空间结构	杂化轨道	具体例子
2	直线	sp, dp, p^2	$Li_2, BeCl_2, Cl_2, KrF_2$
	折线	p^2, ds, d^2	H_2O, RnO_2
3	平面正三角形	sp^2, dp^2, d^2s, d^3	BF_3
	平面不等边三角形	dsp, s^2p^5	$XeOF_2$
	三棱锥	p^3, d^2p	XeO_3, NH_3
4	正四面体	sp^3, d^3s	$TiCl_4$
	斜四面体	d^2sp, dp^3, d^3p	
	平面正方形	dsp^2, d^2p^2, p^4	$PtCl_4^{2-}, KrF_4$
	四棱锥	d^4, s^2p^5	$XeOF_4$
5	正五角锥	dsp^3, d^3sp, s^2p^3	$Xe_3O_3F_2$
	平面五角形	d^5	
		d^3p^2	
6	正八面体	d^2sp^3, p^6	$Fe(CN)_6^{2-}, XeF_6$
	三棱柱	d^4sp	
		d^3p^3	

续表 3.10

配位数	空间结构	杂化轨道	具体例子
7	斜八面体	d^3sp^3, d^5sp	
	斜三棱柱	d^4sp^2, d^4p^3, d^5p^2	
8	十二面体	d^4sp^3	
	正方	d^5p^3, s^2p^6	XeF_8

2. 金属结合性固体

结合是由轨道的重叠形成的,结合形成后还有电子空穴,金属结合性物质的结构如图 3.8 所示。金属具有典型的三种结构,面心立方(fcc)、密排六方(hcp)和体心立方(bcc),一般金属都是面心立方和密排六方结构,Mn 和 Fe 除外,二者在高温下有向体心立方结构变化的倾向。金属结构随温度变化的情况见表 3.11。

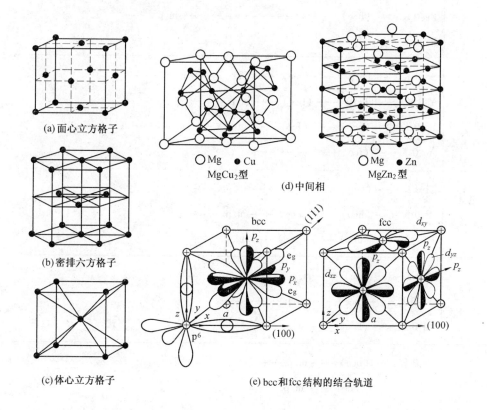

(a) 面心立方格子

$\bigcirc$ Mg $\bullet$ Cu
MgCu$_2$型

$\bigcirc$ Mg $\bullet$ Zn
MgZn$_2$型

(d) 中间相

(b) 密排六方格子

(c) 体心立方格子

(e) bcc 和 fcc 结构的结合轨道

图 3.8　金属的结晶结构

表 3.11　金属的结构(温度变化)

族名	结晶结构
I A p^6s^1	Li:0 K --- (hcp) --- 74 K --- (fcc) --- 140 K --- (bcc) --- m. p. --- Na:0 K --- (hcp) --- 35 K --- (bcc) --- m. p. --- K:0 K --------------- (bcc) --------------- m. p. --- Rb:0 K --------------- (bcc) --------------- m. p. --- Cs:0 K --------------- (bcc) --------------- m. p. --- Fr:0 K --------------- (bcc) --------------- m. p. ---
II A p^6s^2	Be:0 K --- (hcp) --- (bcc) --- m. p. --- Mg:0 K --- (hcp) --------------- m. p. --- Ca:0 K --- (fcc) --- (hcp) --- (bcc) --- m. p. --- Sr:0 K --- (fcc) --- (hcp) --- (bcc) --- m. p. --- Ba:0 K --- (bcc) --------------- m. p. --- Ra:0 K
III A $p^6e_g^1s^2$	Sc:0 K --- (hcp) --- (fcc) --- (bcc) --- m. p. --- Y:0 K --- (hcp) --- (bcc) --- m. p. --- La:0 K --- (hcp) --- (fcc) --- (bcc) --- m. p. --- Ac:0 K --- (fcc) ---------
IV A $p^6e_g^2s^2$	Ti:0 K --- (hcp) --- (bcc) --- m. p. --- Zr:0 K --- (hcp) --- (bcc) --- m. p. --- Hf:0 K --- (hcp) --- (bcc) --- m. p. ---
V A $p^6e_g^3s^2$	V:0 K --- (bcc) --- m. p. --- Nb:0 K --- (bcc) --- m. p. --- Ta:0 K --- (bcc) --- m. p. ---
VI A $p^6e_g^4s^2$	Cr:0 K --- (bcc) --- m. p. --- Mo:0 K --- (bcc) --- m. p. --- W:0 K --- (bcc) --- m. p. ---

续表 3.11　金属的结构(温度变化)

族名	结晶结构
VIIA $e_g^4 t_{2g}^1 s^2$	Mn:0 K --- $(\alpha - bcc)$ --- $(\beta - fcc)$ --- $(\gamma - fcc)$ --- $(\delta - bcc)$ --- m. p. ---
	Tc:0 K --- (hcp) --- m. p. ---
	Re:0 K --- (hcp) --- m. p. ---
VIII₁ $e_g^4 t_{2g}^2 s^2$	Fe:0 K --- (bcc) --- (fcc) --- (bcc) --- m. p. ---
	Ru:0 K --- (hcp) --- m. p. ---
	Os:0 K --- (hcp) --- m. p. ---
VIII₂ $e_g^4 t_{2g}^3 s^2$	Co:0 K --- (hcp) --- m. p. ---
	Rh:0 K --- (fcc) --- m. p. ---
	Ir:0 K --- (fcc) --- m. p. ---
VIII₃ $e_g^4 t_{2g}^4 s^2$	Ni:0 K --- (fcc) --- m. p. ---
	Pd:0 K --- (fcc) --- m. p. ---
	Pt:0 K --- (fcc) --- m. p. ---
I B $e_g^4 t_{2g}^6 s^1$	Cu:0 K --- (fcc) --- m. p. ---
	Ag:0 K --- (fcc) --- m. p. ---
	Au:0 K --- (fcc) --- m. p. ---

　　物质结构是由结合轨道的对称性决定的。s 轨道是球对称的,p 轨道是 6 重对称的,以 < 100 > 方向为对称轴。d(e_g) 轨道是 8 重对称的,以 < 111 > 方向为对称轴。d(t_{2g}) 轨道是 12 重对称的,对称轴为 < 110 > 方向。可见,各轨道都有独特的对称性,结合轨道的对称性反映了物质的结构。

　　面心立方是由 s 轨道相结合产生的,具有等方性。前面提到过金属结合是电子不足的共价结合,轨道的重叠使结合出现饱和性。金属的结合,实际上是等方的多原子结合,反映在结构上是最密等方的面心结构。I A 族、VIII A 族、I B 族的低温结构近似。d(t_{2g}) 在电子空穴时是 < 110 > 方向的引力,其稳定结构是面心立方结构。如 VIII A 族(Ni,Pd)等的面心结构。密排六方结构是异方性的,如 I A 族、II A 族、II B 族的结构。

　　体心立方结构很复杂,I A 族高温结构是体心立方结构,s 轨道是主要的引力,热能使内壳层电子 p^6 分裂,所以加上了 < 100 > 方向的结合。这种情况下的体心立方结构,考虑了两组简单立方格子的电子结合。ⅥA族的低温结构是体心立方结构,s电子等方的引力,加上 $d^4(e_g)$ 的 $<111>$ 方向的引力。对应于ⅥA族的体心立方结构中,$<100>$ 方向的弹性系数比较大,$<111>$ 方向的弹性系数比较小,ⅥA族高温情况下体心立方结构的稳定性是由高温热能激起 $d^4(e_g)$ 电子内壳层的 p^6 分裂决定的。

$\alpha-Fe$ 体心立方结构很特别,$\alpha-Fe$ 是 $3d^64s^2$ 电子结构,具有磁性,其磁性是由3d电子层四个不成对电子及剩余的 $3d^2$ 分裂引起的,其结合是共价结合。当温度高于911 ℃ 时,结构为面心立方,磁性消失,此时是外层电子球对称结合。当温度高于1 394 ℃ 时,再次成为体心立方结构,热能激起 $3d^6$ 电子分裂,使体心立方成为稳定结构。

以上金属性物质结构的分析中,考虑了 s 轨道电子数不足的情况,基本上形成配位数大的结构(面心立方结构),磁性是由结合力的加和引起的。高温情况下,热能引起内壳层分裂,使体心立方结构成为稳定的结构。金属结构随压力变化的情况见表3.12,随着压力的增加,由体心立方结构向面心立方结构和密排六方结构转变,高压下的密排六方结构是由高压下电子所具有的高能状态引起的。

表 3. 12　金属的结构(压力)

族名	低压 ————————(结晶结构)——————(高压)
ⅠA p^6s^1	Li:bcc ———————————————— fcc
	K:bcc ————————————— fcc ——————————— hcp
	Rb:bcc ——————————— fcc ——————————— hcp
	Cs:bcc ——————————— fcc ——————————— hcp
ⅡA p^6s^2	Be:hcp ———————— bcc
	Ba:hcp ——————————— hcp ——————————— fcc
	Sr:bcc ————————————— fcc
ⅢA 稀土类	Al:fcc ———————————— hcp
	La:hcp ——————————— fcc
	Ce:α – fcc ————————————— γ – fcc
	Pm:双六角 ————————— fcc
	Gd:hcp ———————————— 双六角
	Lu:hcp ————————————— 三角晶系
	Ac:hcp ———————————— bcc

续表 3.12

族名	低压 — — — — — — — — — —（结晶结构）— — — — — — — — — — （高压）		
ⅣA $p^6s^2d^2$	Ti：hcp — — — — — — — — — — — — — — — bcc — — — — — — — — — — — （fcc）		
	Zr：hcp — — — — — — — — — — — — bcc		
ⅤA $p^6s^2d^3$	V：bcc — — — — — — — — — — — — — — （fcc，hcp）		
	Nb：bcc — — — — — — — — — — — — — （fcc，hcp）		
ⅦA $p^6s^1d^6$	Tc：hcp	不变	
	Re：hcp	不变	
Ⅷ₁ $p^6s^1d^7$	Fe：bcc — — — — — — — — — — — — — — — — — hcp		
	Ru：hcp	不变	
	Os：hcp	不变	
Ⅷ₂ $p^6s^1d^8$	Co：hcp	不变	
	Rh：fcc	不变	
Ⅷ₃ $p^6s^1d^9$	Ni：fcc	不变	
	Pd：fcc	不变	
ⅠB s^1d^{10}	Cu：fcc	不变	
	Ag：fcc	不变	
	Au：fcc	不变	
ⅡB s^2d^{10}	Zn：hcp	不变	
	Cd：hcp	不变	
	Hg：三角晶系 — — — — — — — — — — — — — — — — bct		

3. 离子结合性固体

离子结合性是能量最低的结合，其结构由正负离子半径的比值（r^+/r^-）决定，如图 3.9 所示。但它只适合于以下范围：

（1）本质的离子结合；

（2）阴离子半径比较大的（半径大于 1.35 Å），一价的 F^-，二价的 O^{2-}；

（3）阴离子半径比较小的（半径小于 0.8 Å），多价阴离子。

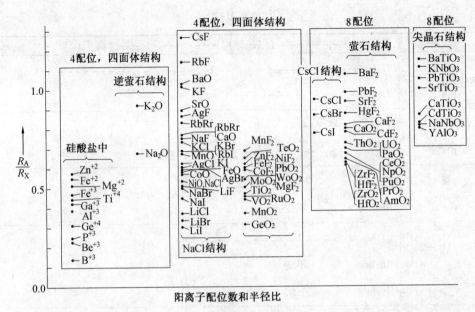

图 3.9　离子结合物质的结构

离子结合性物质的结构遵循如下规则：

规则 1：阴离子做配位多面体，阴阳离子之间的距离是半径之和，阳离子配位数由其半径比决定。

规则 2：稳定结构中各阴离子的离子价是与其邻近的各阳离子的离子价的总和，符合 $\zeta = \sum \left(\dfrac{Z_i}{v_i} \right)$ ，式中，Z 为电荷数，v 为配位数。

规则 3：配位体结构中，存在共有棱，特别是存在共有面的情况下，结构稳定性差。

规则 4：原子价大，配位数少的阳离子具有形成多面体的倾向。

规则 5：对于电荷数大的阳离子配位多面体棱面共用的情况，阳离子间的反作用力使多面体发生变形，致使阳离子间距离增加，共有棱面的长度也增加，并且改变了阴离子之间的距离。

4.分子结合性固体

分子结合是由于电荷的双极子相互作用产生的，其结合非常弱，形成等方结构。结合特征为，非活性的极低温的结晶结构为面心立方结构。分子结合型化合物的结构如图 3.10 所示。

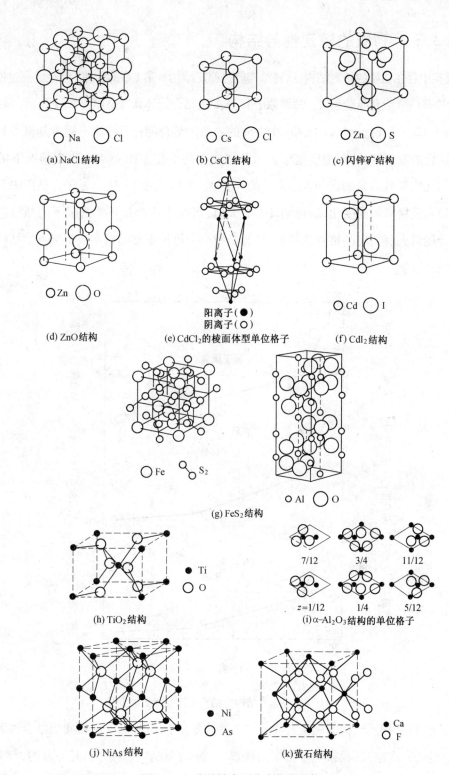

图 3.10 分子结合型化合物的结构

3.3.3　物质的稳定性与结构

　　现实中存在物质的特定结构,这种结构就是稳定结构。第1章的公理7已经提到过稳定性的量度是结合能和能量起伏。简单原子 H、O、F 的结合能计算结果如图 3.11 所示。

　　图 3.12 ~ 3.14 是纯 Al、纯 Cu 及纯 Si 的物质的结合能计算结果。随着晶格参数的变化,结合能发生变化,图中横坐标表示晶格参数的变化量,0% 表示正常情况下的晶格参数,元素符号后面的数字表示原子的个数,如 Al13 表示 13 个 Al 原子。从图中可以看出,随着晶格参数的变化,结合能具有极大值,当晶格参数是正常情况下的晶格参数时,结合能最大。偏离晶格参数越远,结合能越小。可见正常晶格参数情况下的结构可能是最稳定的。

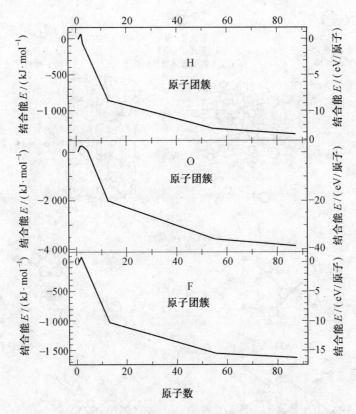

图 3.11　面心立方结构中结合能随原子数的变化

　　综上所述,物质结构的确定与物质结合性和稳定性相对应。而物质的结合性和稳定性由是否存在空穴(没被电子占据的状态)决定,存在空穴,则结构是等方的,与非局限性的金属结合对应,是配位数大的等方最密排结构。如果不存在空穴,则其结构是异方的,与有局限性的共价结合对应,其配位数小,离子结合由阴阳离子半径比确定。可见,结合性取决于空穴的状态,所以空穴的状态最终会决定物质的结构。

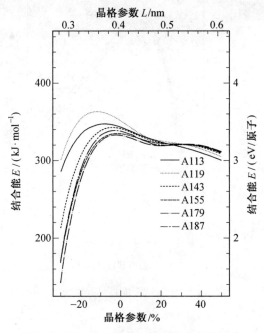

图 3.12　纯 Al 中结合能随晶格参数的变化

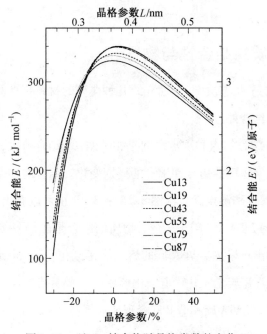

图 3.13　纯 Cu 结合能随晶格常数的变化

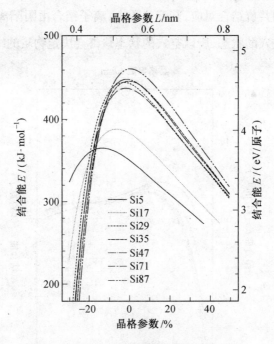

图 3.14　纯 Si 结合能随晶格参数的变化

3.4　物　　性

3.4.1　物质的结合性与物性

材料的物性由电子状态决定,下面介绍几种典型的材料物性。

1.熔点、沸点与结合能

一般由经验可知:① 熔点和沸点之间是相关的;② 结合能大,则熔点和沸点高。

图 3.15 是单元素物质的熔点和沸点的周期变化。结合能和熔点、沸点之间是有关系的,结合能大,则熔点和沸点高。由图 3.16 ~ 3.19 也可以看出这一规律。

ⅠA 族(碱金属)、ⅡA 族(碱土金属)物质的结合是非局限等方的结合,随着原子序数的增加,熔点和沸点增加。ⅥA 族的熔点最高,是由于金属结合是由 s 轨道和 d 轨道杂化结合产生的,ⅣB 族是 s、p 轨道杂化形成的。金属结合是特殊的共价结合(电子不足的共价结合),形成 ⅥA 族和 ⅣB 族峰现象。峰与共价结合对应。上述是单元素物质的熔点和沸点的变化规律。对于二元体系,熔点和沸点又如何呢? 表3.13 和3.14 给出了由高熔点和低熔点两种元素组成的二元体系,随着两种元素的质量分数的变化,熔点也发生变化。

从表3.13中可以看出以下元素的组合可以形成熔点较高的体系:

(1) 周期表左边(ⅠA,ⅡA族)元素和右边(ⅥB,ⅦB族)元素的组合;

(2) 低周期和高周期元素的组合;

(3) 过渡族元素之间的组合。

以上都是电负性差较大的两种元素的组合,电子从电负性小的元素向电负性大的元素流动,因而金属结合、共价结合、离子结合的结合较强。

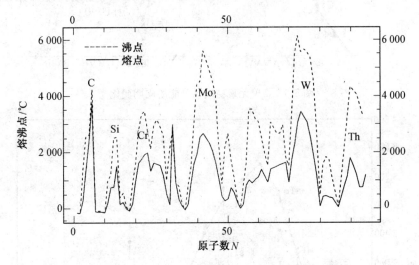

图3.15　单元素物质的熔点、沸点的周期变化

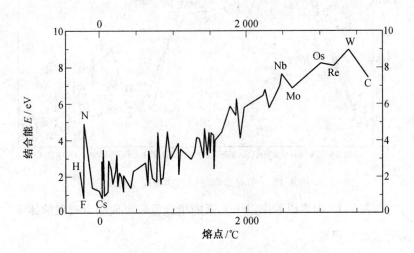

图3.16　单元素物质的结合能随熔点的变化

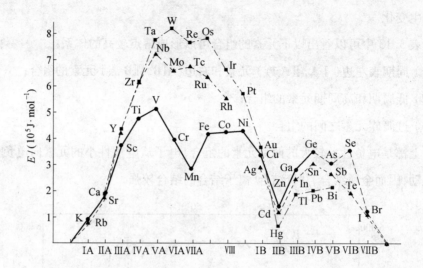

图 3.17 单元素物质结合能的周期变化

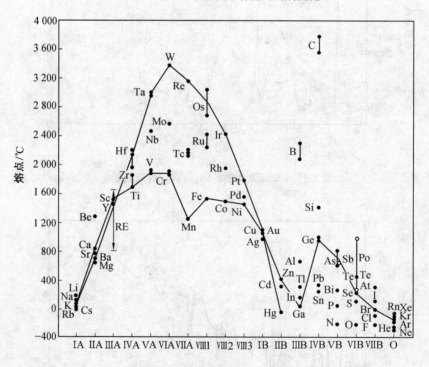

图 3.18 单元素物质熔点的周期变化

另一方面,表 3.14 中可以看出以下元素的组合可以形成熔点较低的体系:

(1) 两元素结合很难;

(2) 两元素结构不同。

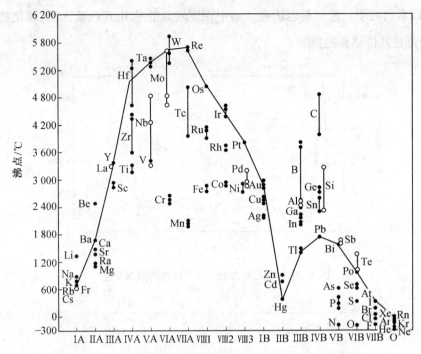

图 3.19　单元素物质沸点的周期变化

2. 材料的塑性变形能

材料变形(塑性变形)也即外力使原子的相对位置发生变化。第1章公理3已经指出,必须有空穴存在,原子才可以发生位置的变化。量子力学中,原子运动的问题就是电子运动的问题。原子位置变化,则原子间的结合发生变化,原子间的结合又是电子决定的。因此,原子的位置变化与电子状态变化相对应。电子状态变化由 Pauli 不相容原理决定。电子从一个状态变化到另一个状态,则另一个状态必须没有被电子占据。金属结合的物质才能发生塑性变形,共价结合和离子结合的物质不能发生塑性变形。

3. 材料的硬度与强度

一般材料的硬度和强度是对应的,硬度高则强度也高。图3.20是单元素物质硬度和强度的周期变化。一般认为硬度和强度是结合强弱的反应,结合能高,熔点高,硬度和强度也大。从图3.21和图3.22还可以看出,随着结合能和熔点的连续变化,硬度变化却不连续,出现 Se、As、Be、B、Os、W、金刚石的极高的硬度值。由图3.23可以看出,ⅥA族和ⅣB族物质的硬度具有极大值。ⅥA族和ⅣB族的价电子数和轨道数相等,都是共价结合。在3.2.4小节提到过,共价结合的结合性很强,图3.4中的结合性判定就可以看出这一点。高硬度是共价结合性的反应。上述只是对单元素物质而言,由图

3.24 可以看出对于一般材料也适合。图中硬度较高的是 B、BN、碳化物、硼化物、硅化物，这些都是共价结合的物质。

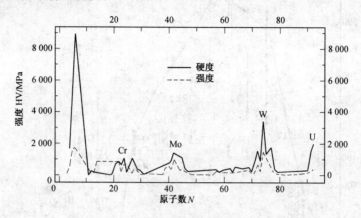

图 3.20　单元素物质强度和硬度的周期变化

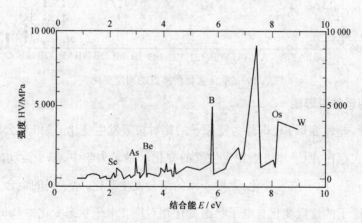

图 3.21　硬度随结合能的变化

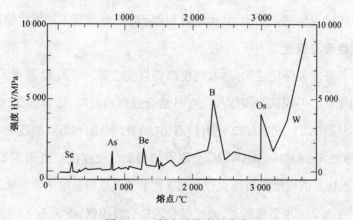

图 3.22　硬度随熔点的变化

表 3.13　熔点高的物质

IA IIA IIIA IVA VA VIA VIIA VIII1 VIII2 VIII3 IB IIB IIIB IVB VB VIB VIIB

Mg●   O O
Ca●   O O
Ce● Pu●   Ga● O O
Sr●   O O
Ce●   Mg● S S
Ca●   Zn● S S
Li●   O
Al●   Zn● N S
Ba●   Ga● N S
Al●   O S
Pr●   O
La●   O
Th● Ti●   N O
La●   O
Ba● Al●   O
Ba● Zr●   Cd● S
B   Cd● In● N
Be● B●   N Sa
Na●   Ga● N
Li● Y●   Bi● S F
U●   S O
Sm●   Si● O S
Na● Al● Zr●   N O
Na●   O
Ce●   Bi● S
La●   Zn● Sb Te
K● Zr●   Te
Li●   As S F
Al●   S
Pu●   Pb● S F
  Pb● Se
Ca●   Cd● P F
B●—●Zr   F
Rb●   F
K● Be●—U   S F
K● Sr●   Cl F
Na●   Cl Cl
Rb●   Zn● Se Cl
Li●   F F
Cs●   Br
K● Al⊙Ce   N Se
Li●   Br
Na●   Sn● S S
Na●   O S
K● Th●   Br
Rb●   Sn● Se
Ba●   Ga● As F
Cs●   Cd● Te Cl
Mg●   F
Al⊙La   Hg● F
K●   I
La●   Sn● Pb
Ce●   Sn●
Ce●   Pb● Bi S
  O
Ca● Yb●   F F
Mg●   Zn● Se F
Al La● La●   Sb
Gd●   S F
Pr● Mn●   O
  Ga● Pb● O
  Bi●—●O

续表 3.13

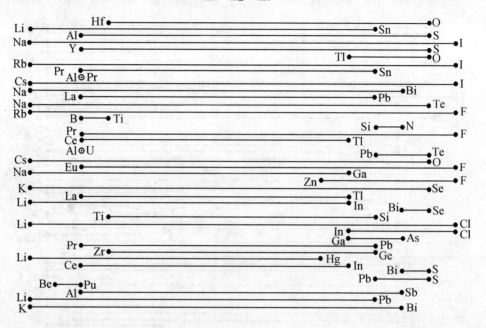

表 3.14 熔点低的物质

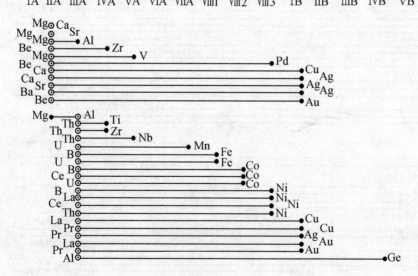

续表 3.14

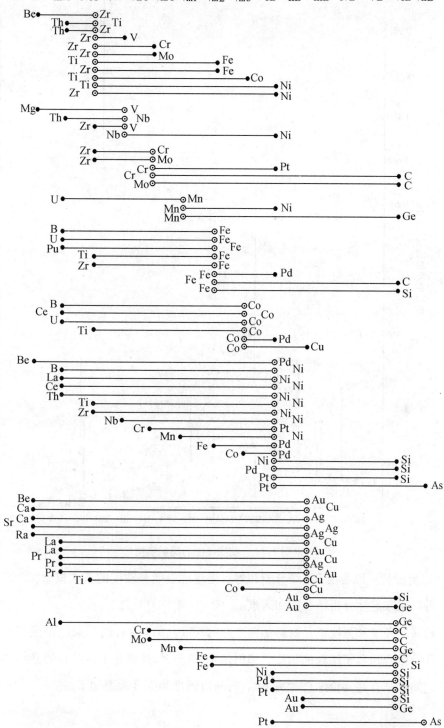

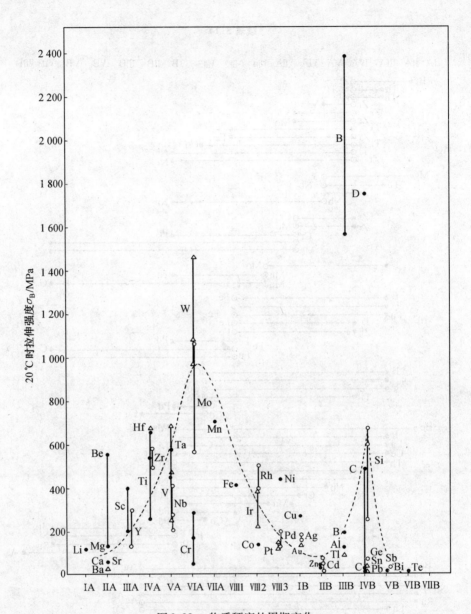

图 3.23   物质硬度的周期变化

以上分析可以看出：① 结合能和熔点是理解强度和硬度的基本概念；② 硬度和强度也可以用来定性分析结合能和熔点。

材料的硬度和强度也是材料塑性变形的尺度。第 1 章公理 7 指出，高强度的物质可能是共价结合和离子结合的物质。如钢是 Fe 碳合金，纯铁是金属结合的，加入 C 后，Fe 和碳之间的结合是共价结合和离子结合，所以硬度和强度都增加了。

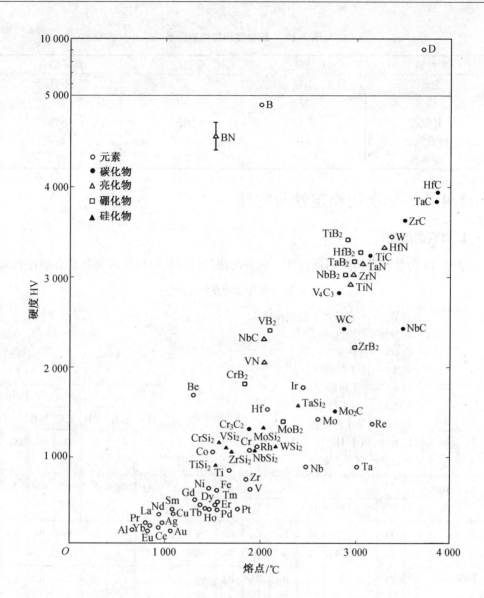

图 3.24　物质的硬度

4. 材料的导电性

材料的导电性是由电子的移动引起的,从而材料的导电性由 Pauli 不相容原理确定。如果材料存在空轨道,电子容易移动,则材料是电的良导体,如果不存在空轨道则是绝缘体。从而可以知道,金属结合的物质是电的良导体,共价结合和离子结合的物质是绝缘体。

表 3.15 为几种结合性和物性的关系。

表 3.15 结合性和物性的关系

性能	共价结合	金属结合	离子结合
变形性	不好	好	不好
强度	好	中	好
导电性	不好	好	不好
抗腐蚀性	好	不好	好
耐热性	好	不好	好

3.4.2 物质的稳定性与物性

1. 材料的耐蚀性

表 3.16 为单元素物质的耐蚀性。材料的耐蚀性问题可以理解为材料在腐蚀环境

表 3.16 单元素物质的耐蚀性

1(W!)— 在冷水中激烈反应
2(W)— 在冷水中反应
3(ω)— 在热水中反应
4(A)— 溶于稀酸
5(a)— 溶于浓酸、热酸
6(NA)— 溶于稀硝酸
7(na)— 溶于浓硝酸
8(F)— 溶于 HF
9(王)— 溶于王水

ⅠA	ⅡA	ⅢA	ⅣA	ⅤA	ⅥA	ⅦA	Ⅷ	Ⅷ	Ⅷ	ⅠB	ⅡB	ⅢB	ⅣB	ⅤB	ⅥB	ⅦB	He
Li 2	Be 4											B	C	N	O	F	Ne
Na 1	Mg 3											Al 4	Si	P	S	Cl	Ar
K 1	Ca 2	Sc 3	Ti 3	V 6	Cr 6	Mn 4	Fe 4	Co 4	Ni 4	Cu 6	Zn 4	Ga 4	Ge	As 7	Se	Br	Kr
Rb 1	Sr 1	Y 3	Zr 8	Nb 8	Mo 7	Tc	Ru 9	Rh 9	Pd 6	Ag 6	Cd 4	In 4	Sn 4	Sb 9	Te	I	Xe
Cs 1	Ba 2	57-71	Hf 8	Ta 8	W 8	Re 6	Os 9	Ir 9	Pt 9	Au 9	Hg 6	Tl 6	Pb 6	Bi 6	Po 7	At	Ru
Fr	Ra 2	Ac 3	Th 8	Pa	U 6(5)	Np 4	Pu 4	Am	Cm	Bk	Cf	Es	Fm	Md	No	Lr	Ku

La 3	Ce 3	Pr 3	Nd 3	Pm 3	Sm 3	Eu 3	Gd 3	Tb 3	Dy 3	Ho 3	Er 3	Tm 3	Yb 2	Lu 3

下电子状态的变化情况。参照第1章定理8,可以用能量变化来分析此问题。能量变化小则材料具有好的耐蚀性。图3.25是单元素物质在900 K时能量变化的计算结果。化学试验也表明Pt、Pd和Ni具有小的能量变化。材料发生腐蚀是由于材料和环境物质反应造成的。材料的耐蚀性问题与环境物质分不开。

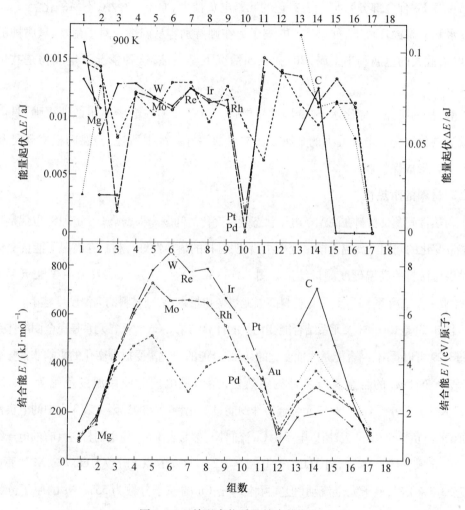

图3.25　单元素物质的结合能变化

对于水的结合性而言,分子内结合是共价结合和离子结合,水分子间的结合是 H的结合。水中的腐蚀反应是电荷移动反应造成的。例如,周期表中左边元素碱金属和碱土金属,电负性小,原子半径大,电荷容易移动,易腐蚀(参照表3.17)。周期表右边的金属元素,白金族元素(Ru,Os,Rh,Ir,Pd,Pt) 及 Ni,Cu,Ag,Au,电负性大,原子半径小,电荷不易移动,不易腐蚀。所以非金属元素具有极大的耐蚀性。

对于氧环境下腐蚀的情况，氧具有很大的电负性，电负性小（即与氧的电负性差比较大）的元素容易氧化。碱金属（Na,K,Rb,Cs 等）、碱土金属（Ca,Sr,Ba 等）与 Be, Mg,Al,Si,Ti,Zr,Cr,Mo 不同。前者的氧化物是离子结合，水容易溶入，易腐蚀；后者的氧化物是共价结合，不易腐蚀。Fe 合金、Co 合金和 Ni 合金添加后者后耐蚀性增加（参照第 4 章 Fe 合金部分），周期表右边的元素电负性大，原子半径小，不易氧化。

水和氧腐蚀环境下，如果有 Cl⁻ 离子存在则特别容易腐蚀。对于耐水、氧腐蚀的物质，电负性大的金属和半金属，Cl⁻ 存在的情况下易腐蚀，这种情况下生成物是共价结合。

酸、盐的腐蚀反应比水、氧的腐蚀性更强。有些物质在酸中的耐蚀性更强，是由于形成了共价结合。电负性大的金属在盐中耐蚀性好。综上所述，防腐的根本就是利用共价结合形成保护膜。

2. 材料的耐热性

耐热性问题是材料在高温下电子状态发生变化的问题。根据第 1 章定理 8，也就是高温下能量变化的问题。高温下能量变化小，表明材料的耐热性好。材料在高温下能量变化计算结果与材料的高温硬度测量结果如图 3.26（Cu – Y 二元系）、3.27（Al – Y 二元系）和 3.28（Ni – Y 二元系）所示，可见材料高温能量变化量越小，则材料的高温硬度越小。

图 3.29 是 Cu – Ni 二元系结合能变化量的计算结果。Cu – Ni 二元系是完全固溶体系。从图 3.29 可以看出，结合能是线性变化的，但结合能的变化量受成分变化的影响非常显著。Cu55% – Ni45% 的合金具有良好的耐热性，用做热电偶时使用温度范围为 773 K 到 1 173 K。下面分析 Cu – Ni 二元合金特殊的能量变化量产生的原因。表 3.3 中的电负性表明，Ni 的电负性比 Cu 的大，所以电子由 Cu 流向 Ni，参照表 3.5。稳定的材料具有的电子结构是 Cu　$d^{10}s^0$ 和 Ni　$d^{10}s^2$，当 $A(Cu):A(Ni) = 2:1$（Cu 的原子分数为 66.7%，Ni 的原子分数为 33.3%）时，电子完全流动（但实际上却是 Cu 的原子分数为 55%、Ni 的原子分数为 45%，电子完全流动）。Cu 完全反应要失去 1 个电子，Ni 完全反应需要获得 2 个电子。参照第 1 章，非活性的物质应该具有空穴减少的电子状态，并且电导性降低，电抗性增强（第 1 章定理 7）。这种状态下，结合能增加，结合能量变化减小，具有耐热性。Cu 的原子分数为 55%、Ni 的原子分数为 45%，Cu – Ni 合金具有高温耐热性，即高温下电抗性强。也即不存在空穴，电子不能移动，结合能大，结合能变化小，耐热性好，电抗性大。所以空穴决定着材料的结合、结构、物性和反应。

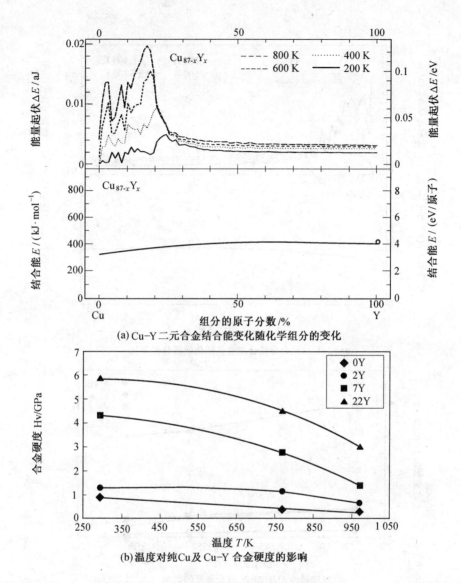

(a) Cu-Y 二元合金结合能变化随化学组分的变化

(b) 温度对纯 Cu 及 Cu-Y 合金硬度的影响

图 3.26 Cu-Y 二元合金结合能变化随化学组分的变化和温度对纯 Cu 及 Cu-Y 合金硬度的影响

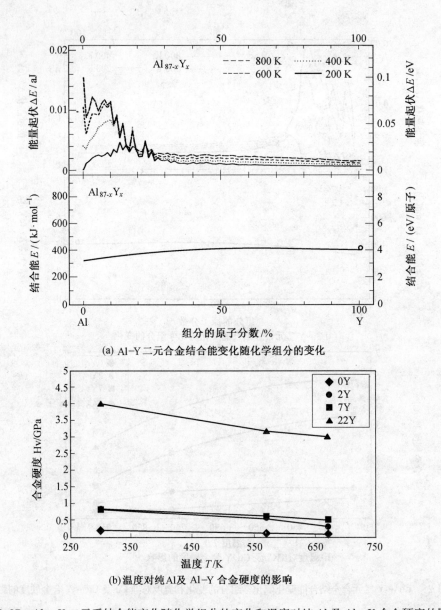

(a) Al-Y 二元合金结合能变化随化学组分的变化

(b)温度对纯 Al 及 Al-Y 合金硬度的影响

图 3.27 Al - Y 二元系结合能变化随化学组分的变化和温度对纯 Al 及 Al - Y 合金硬度的影响

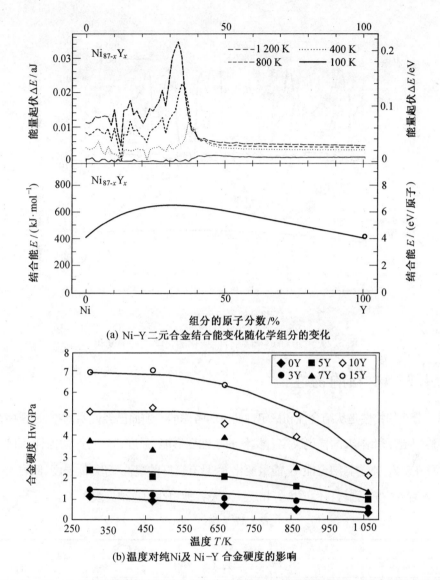

(a) Ni-Y二元合金结合能变化随化学组分的变化

(b)温度对纯Ni及Ni-Y合金硬度的影响

图 3.28　Ni – Y 二元系结合能变化随化学组分的变化和温度对纯 Ni 及 Ni – Y 合金硬度的影响

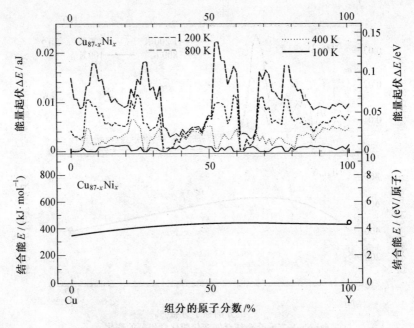

图 3.29 Cu‑Ni 合金结合能变化随化学组分的变化

3.4.3 材料的物性

以上分析的物性是从结合性和稳定性两方面考虑的。前面已经说明,空穴是否存在,决定着材料的结合和结构,同样也决定着材料的塑性变形能、强度、导电性、耐蚀性、耐热性等物性。存在空穴,则材料结合能小,能量变化大,具有良好的塑性变形、低强度、低耐蚀性、低耐热性;不存在空穴,则材料性质恰好相反。对于各种物性的总结见表 3.17。

表 3.17 物 性

	空穴	ABP	ΔE	结合性
塑性变形能	有	—	—	金属结合性
导电性	有	—	—	金属结合性
强度	无	大	—	共价结合性
耐蚀性	无	—	小	共价结合性
耐热性	无	大	小	共价结合性

3.5 物质的反应

3.5.1 物质的结合性与反应

共价结合中,反应的活化能决定着反应能否进行,金属结合和离子结合中,自由能变化决定着反应能否进行,分子结合中,分子接触的频率决定着反应能否进行。

1. 共价结合反应

对于共价结合,电子对由两个原子共同提供电子形成。共价结合的代表是有机化合物。

反应经验规则有:

(1) Evans – Polanyi 规则

Evans – Polanyi 规则是有机化合反应的基本规则

$$E = \alpha \Delta H + \beta$$

其中 E 是活化能;ΔH 是能量变化量;α 和 β 是常数,$0 < \alpha < 1$。反应能垒近似用反应热表示,吸热反应的反应活化能大,放热反应的反应活化能小。例如简单有机化合物的吸热反应

$$E = 0.75Q + 48.1(\mathrm{kJ/mol})(Q:吸热量)$$

放热反应

$$E = -0.25Q + 48.1(\mathrm{kJ/mol})(Q:放热量)$$

并且有下面的关系成立

$$E = 0.49 \left[D(C-H) - 311 \right](\mathrm{kJ/mol})$$

其中 $D(C-H)$ 是 $C-H$ 的结合能。

(2) 活化能相当于结合能的 $5\% \sim 5.5\%$。

(3) 复分解反应 $XY + UW \longrightarrow XU + YW$ 的活化能相当于解离能 D_{xy} 与 D_{uw} 和的 $1/4$。

(4) 分子 D 的最高被占轨道的能量比分子 A 的最低空轨道的能量高时,反应才能进行。此时化学反应是 D 上的电荷向 A 上移动引起的,假设离子是 $D^+ \cdots A^-$,一般电子在 D – A 间移动。

(5) 一般电子的非局限性活化能低。例如:

① 分解效应、电荷移动、电子能量的变化都使活化能降低;

② 多中心相互作用使活化能降低;

③ 物质表面化学吸附使活化能降低(触媒作用)。

电子的局限性强的共价结合物质,一般活化能比较大。

(6) 反应过程中发生角动量的变化。

2. 金属结合性反应

金属结合性反应的主导作用是标准电极电位。代表性的金属结合性反应有析出、相变、塑性变形和超塑性。反应的经验规律有：

（1）金属结合性反应的决定因素是电极电位，电极电位与氧化还原反应相对应。金属一般发生的是氧化还原反应，反应的活化能低，电极电位（自由能变化）起主要作用。表 3.18 给出了各种金属的电极电位，从表中可以看出一般金属容易被氧化。

（2）金属结合是电子不足的共价结合，电子由两个原子或多个原子共有。结合的特征反应了其结构为晶体。结合电子具有局限性等方面，反应活化能比共价结合的小。结晶反应（例如析出、相变等）、缺陷、晶界、相界、表面等，使结合具有不完整性。缺陷部分的反应活化能比完整部分的反应活化能小。完全结晶反应的活化能大部分来源于缺陷形成的能量。形成缺陷需要的能量很大。

表 3.18　金属的标准电极电位

金属离子	电极电位 E_0/V	金属离子	电极电位 E_0/V	金属离子	电极电位 E_0/V	金属离子	电极电位 E_0/V	金属离子	电极电位 E_0/V
Li^+	− 3.045	Zn^{2+}	− 0.736	Bi_2O_3	− 0.46	Nb^{3+}	− 1.099	Ir^{3+}	+ 1.156
Na^+	− 2.714	Cd^{2+}	− 0.403	BiO	+ 0.32	Cr^{2+}	− 0.744	Pt^{2+}	+ 1.2
K^+	− 2.925	Hg^{2+}	+ 0.788	Sc^{3+}	− 2.077	Mo^{3+}	− 0.20	Cu^{2+}	+ 0.337
Rb^+	− 2.925	Al^{3+}	− 1.662	La^{3+}	− 2.522	Mn^{2+}	− 1.18	Ag^+	+ 0.799
Cs^+	− 2.923	Ga^{3+}	− 0.529	Ce^{3+}	− 2.483	Tc^{2+}	+ 0.4	Au^{3+}	+ 1.497
Be^+	− 1.847	In^{3+}	− 0.343	Eu^{3+}	− 2.407	Re^{3+}	+ 0.3	Th^{4+}	− 1.899
Mg^+	− 2.363	Tl^+	− 0.336	Lu^{3+}	− 2.255	Fe^{2+}	− 0.440 2	U^{3+}	− 1.789
Ca^+	− 2.866	Sn^{2+}	− 0.136	Ti^{2+}	− 1.628	Co^{2+}	− 0.277	Pu^{3+}	− 2.031
Sr^{2+}	− 2.888	Pb^{2+}	− 0.126	Zr^{4+}	− 1.529	Ni^{2+}	− 0.250		
Ba^{2+}	− 2.906	AsO_2^-	− 0.675	Hf^{4+}	− 1.70	Rh^{3+}	+ 0.80		
Ra^{2+}	− 2.916	Sb_2O_3	+ 0.152	V^{2+}	− 1.186	Pd^{2+}	+ 0.987		

3. 离子结合反应

离子结合是一个原子的电子完全移动到另一个原子上。电子的完全移动形成阴阳离子,结晶反应的活化能大部分来源于缺陷能。

4. 分子结合性反应

分子间接触的反应,伴随着能量变化。

3.5.2 物质的稳定性与反应

反应是电子状态变化的问题。分析稳定性问题时,用能量变化来进行定性的分析。

1. 反应和时间、能量不确定性原理

用标准偏差 ΔA 表示物理量 A 的变化:

$$(\Delta A)^2 = <(A - <A>)^2> = <A^2> - <A>^2 \tag{3.1}$$

关系式 $\Delta A = 0$ 是波动函数 ψ 成立的条件。根据式(3.1),$\Delta A = 0$,也即

$$<A^2> = <A>^2 \tag{3.2}$$

算子 A 和 A^2 的平均值定义为

$$<A> = <\psi, \ A\psi> / <\psi, \psi>$$

$$<A^2> = <\psi, \ A^2\psi> / <\psi, \psi> \tag{3.3}$$

根据式(3.2),有下列关系

$$<\psi, A^2\psi> <\psi, \ \psi> = <\psi, A\psi>^2 \tag{3.4}$$

$$<A\psi, A\psi> <\psi, \ \psi> = <\psi, \psi>^2 \tag{3.5}$$

根据不等式

$$\sqrt{<\Phi, \Phi> <\psi, \psi>} \geqslant |<\Phi, \psi>| \tag{3.6}$$

等号成立的条件是 ψ 和 Φ 其中的一个是另一个的整倍数。式(3.5)是式(3.6)成立的条件,ψ 和 $A\psi$ 呈比例关系。a 是常数,则

$$A\psi_a = a\psi_a \tag{3.7}$$

式(3.7)是固有值方程,$\Delta A = 0$ 时,固有值方程成立。

根据式(3.7),波动方程

$$H\psi = E\psi \tag{3.8}$$

此方程是电子状态的定常方程。根据时间、能量不确定性原理,$\Delta E = 0$ 与 $\Delta t \rightarrow \infty$ 对应。参照第1章定理4,得出如下关系

$$\Delta E = 0 \longleftrightarrow \text{定常(电子状态永远不变)}$$

$$\Delta E \neq 0 \longleftrightarrow \text{非定常(电子状态随时间变化)} \quad (3.9)$$

电子状态定常,是 H 与时间无关的情况,如果 H 与时间有关,则电子状态非定常。

反应速度与物质状态存在时间有一定关系,由时间、能量不确定性原理可知,能量变化的幅度决定着电子的存在时间,结合第 1 章定理 3、公理 7 和定理 9,可以看出这一原理也是反应速度的基本原理。波动方程和不确定性原理见表 3.19。

表 3.19　波动方程和不确定性原理

波动方程	$\Delta x \cdot \Delta p = h$	波动方程	$\Delta t \cdot \Delta E = h$
$V = \text{const}$	$\Delta p = 0, \Delta x \to \infty$	$V = \text{const}$	$\Delta E = 0, \Delta t \to \infty$
$V = V(x)$	$\Delta p \neq 0, \Delta x \neq 0$	$V = V(t)$	$\Delta E \neq 0, \Delta t \neq \infty$

2. 时间、能量不确定性原理和热活性

前面已经讨论过,非定常状态对应着能量、时间不确定性原理,并且这一原理也是反应速度的基本原理。能量时间不确定性原理表明,能量的变化决定电子状态存在的寿命。所以,存在一个物理因子,与反应速度有关,实际上这个物理因子是由能量变化量计算的。例如,温度上升,则反应加快,温度的升高量可由能量变化计算,本节将讨论化学反应的热激活问题。

在亚稳定状态下,体系处于能量极小的位置 $x = a$ 处,对 $x = a$ 附近 $(x - a)$ 的极小区域展开讨论。在 $x = a$ 处 $\partial V / \partial x = 0$

$$V = \frac{1}{2} k (x - a)^2 (k \text{ 是常数}) \quad (3.10)$$

第一近似亚稳状态的简谐振子,简谐振动如下

$$E = p^2/(2m) + m\omega^2 x^2$$

$$< p^2/(2m) > = < m\omega^2 x^2/2 > = < E > /2$$

并且

$$(\Delta x)^2 = < x^2 > = < E > / < m\omega^2 >$$

$$(\Delta p)^2 = < p^2 > = m < E >$$

从而

$$\Delta x \cdot \Delta p = < E > /\omega, \quad \Delta t \cdot \Delta E = < E > /\omega \quad (3.11)$$

量子力学有如下关系式

$$E_n = \left(n + \frac{1}{2}\right) h\nu \quad (n = 0, 1, 2, 3, \cdots) \tag{3.12}$$

对于孤立体系

$$\Delta x \cdot \Delta p = \left(n + \frac{1}{2}\right)\hbar \tag{3.13}$$

对应的时间、能量不确定性原理

$$\Delta t \cdot \Delta E = \left(n + \frac{1}{2}\right)\hbar \tag{3.14}$$

系统在定常状态，$\Delta E = 0$，时间的范围为 $\Delta t \to \infty$，即寿命无限。

系统在温度 T 下达到平衡，此时，不是纯状态，不能用波动函数而用混合状态的密度梯度函数

$$\rho = \frac{\exp\left(-\dfrac{H}{kT}\right)}{Tr\left[\exp\left(-\dfrac{H}{kT}\right)\right]} \tag{3.15}$$

上述参照第 1 章公理 8，配分函数用

$$Z(\mu) = Tr[\exp(-\mu H)] \tag{3.16}$$

计算。计算过程中对 H 进行对角化

$$Z(\mu) = \sum \exp\left[-\mu\left(n + \frac{1}{2}\right)h\nu\right] =$$

$$\exp\left(-\frac{\mu h\nu}{2}\right) \sum (\exp[-\mu h\nu])^n \tag{3.17}$$

右边几何级数和的计算

$$Z(\mu) = \frac{\exp\left(-\dfrac{\mu h\nu}{2}\right)}{1 - \exp[-\mu h\nu]} \tag{3.18}$$

平均能量

$$< E > = Tr[\rho H] \tag{3.19}$$

分配函数为

$$\ln Z = -\mu h\nu/2 - \ln[1 - \exp(-\mu h\nu)] \tag{3.20}$$

得

$$< E > = -\frac{\partial \ln Z}{\partial \mu} \mid \mu = \frac{1}{kT} = \frac{h\nu}{2}\coth\frac{h\nu}{2kT} = h\nu + \frac{h\nu}{\exp\dfrac{h\nu}{kT} - 1} \tag{3.21}$$

高温平衡的大物体是定常状态,能量变化是 0,用能量变化的平均值来计算

$$(\Gamma)^2 = <(E - <E>)^2> = <E^2> - <E>^2 \tag{3.22}$$

$$(\Gamma)^2 = -\frac{\partial <E>}{\partial \mu} = kT^2 \frac{\partial <E>}{\partial T} =$$

$$(h\nu)^2 \cdot \frac{\exp\left(\frac{h\nu}{kT}\right)}{\left[\exp\left(\frac{h\nu}{kT}\right) - 1\right]^2} =$$

$$(h\nu) <E'> + <E'>^2 \tag{3.23}$$

其中

$$<E> = \frac{h\nu}{\exp\left(\frac{h\nu}{kT}\right) - 1} \tag{3.24}$$

结果是量子力学特有的能量变化。式(3.23)变为

$$(\Gamma)^2 = \frac{h\nu}{\sinh\left(\frac{h\nu}{2kT}\right)} \tag{3.25}$$

联合式(3.11),(3.21),(3.25)得

$$\tau = \frac{1}{2\pi\nu}\cosh\left(\frac{h\nu/2}{kT}\right) \tag{3.26}$$

统计的根本原理是平均值,状态是波动函数的行为,统计分布与物体的能量函数和温度函数有关。化学反应可以用相变能、热激活不确定性原理解释,我们知道,反应温度越高,反应速度越快,由式(3.26)可知,温度越高,寿命越短,说明旧的状态不稳定,故而生成新的状态。

3. 应用 —— 反应中心

利用时间、能量不确定性原理解释激活能的最初应用是金属溶解和气化问题。这种现象可用前节的能量变化量和寿命的关系解释。由式(3.25)和式(3.26)中 $h\nu$ 是溶解(气化)中固液间(气液间)的能量变化(潜热),T 是熔点(沸点),Γ 是溶解(气化)能量变化决定的寿命。

解析结果如图 3.30 和图 3.31 所示。结果给出的是 τ 为 3.3×10^{-14} s 和 1.5×10^{-13} s 的理论曲线。金属的溶解(气化)的解析结果非常典型。第一金属的溶解(气化)在一定的温度范围发生,产生一定的寿命1.5×10^{-13} s(3.3×10^{-14} s),在这种寿

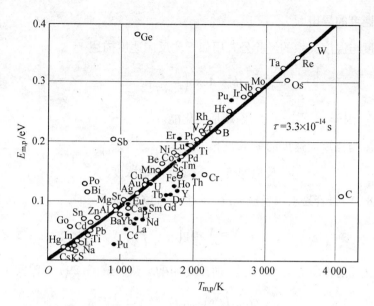

图 3.30　金属的溶解

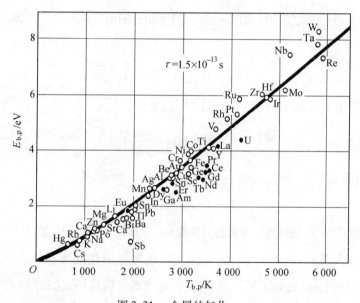

图 3.31　金属的气化

命下,讨论统计分布变化的固有时间。这一时间是系统固体(液体)或液体(气体)变化的必要时间;第二金属在一定的大气压力下溶解(气化)。潜热和压力增大,溶解(气化)的温度上升,寿命保持不变。

以上是利用时间、能量不确定性原理解释热激活,适应于溶解(气化)现象。

4. 反应速度的导出

反应速度与温度关系的经验公式用如下比反应速度描述

$$k = A\exp\left(-\frac{E}{kT}\right) \tag{3.27}$$

式中,A 是频率因子,即震动的次数;E 是活化能。

反应速度与比反应速度的关系如下

$$反应速度 = k \cdot (反应物浓度) \tag{3.28}$$

式(3.28) 中很容易求出反应速度。最简单的关系如下

$$N = N_0\exp\left(-\frac{t}{\tau}\right) \tag{3.29}$$

式中,N_0 是反应前物质的个数;N 是 t 时刻物质的个数。式(3.29) 对时间微分得

$$-\mathrm{d}N/\mathrm{d}t = \left(\frac{N_0}{\tau}\right)\exp\left(-\frac{t}{\tau}\right) = \frac{1}{\tau} \cdot N \tag{3.30}$$

对比式(3.28) 和式(3.30),则 $k = 1/\tau$,温度和 τ 的函数关系用式(3.26) 所示。得出

$$k = 1/\tau = \frac{2\pi\nu}{\exp\left(\dfrac{h\nu}{2kT}\right) + \exp\left(-\dfrac{h\nu}{2kT}\right)} \tag{3.31}$$

多数情况下 $h\nu \gg kT$,所以式(3.31) 可以变为

$$k = 2\pi\nu\exp\left(-\frac{h\nu}{2kT}\right) \tag{3.32}$$

对比式(3.27) 和(3.32),则

$$A = 2\pi\nu, \quad E = h\nu/2 \tag{3.33}$$

式中,A 是振动次数;E 是与温度有关的活化能;$h\nu$ 是简谐近似量子化情况下的能量间隔。

反应速度关系式(3.27) 中,频率因子 A 通常与活化能 E 无关。实际上可由式(3.33) 导出 $A = 4\pi E/h$,在实际问题中,一般是测得 E 后再用式(3.34) 求 A。比速度的计算值见表 3.20。表中表明,多数反应的计算值和实测值相当,只有小部分有一定差别。说明式(3.33) 的预测很合适。

表 3.20 比速度常数

反应系	实测值		计算值
	活化能 $E/(\text{kJ} \cdot \text{mol}^{-1})$	指前因子 $\log k_0$	指前因子 $\log k_0$
（1）气相热分解反应			
①CH_3—CH	434.7	15.3	16.14
②CH_3—CH_3	374.1	16.85	16.07
③CH_3—CH=CH_2	358.6	16.1	16.05
④$C_6H_5CH_2$—H	369.1	15.5	16.07
⑤CH_3—OCH_3	338.6	16.0	16.03
⑥CH_3— N≡NCH_3	219.5	16.5	15.84
⑦CF_3—CF_3	384.6	17.27	16.08
⑧CH_3—SH	320.2	15.5	16.00
⑨CH_3—$HgCH_3$	242.4	15.0	15.88
⑩NH_2—H	346.9	12.6	16.04
⑪NH_2—NH_2	292.9	16.5	15.97
（2）分子间反应			
①$H_2 + O_2 \longrightarrow 2OH$	163.02	12.4	15.71
②$O_2 + CO \longrightarrow CO_2 + O$	250.8	13.08	15.90
③$NO + O_3 \longrightarrow NO_2 + O$	10.3	11.76	14.51
④$2C_2H_2 \longrightarrow C_4H_3 + H$	174.7	13.77	15.74
⑤$C_2H_6 + C_2H_4 \longrightarrow 2C_2H_5$	289.4	17.6	15.96
（3）不均匀反应			
（$\cdot R_1 + R_2X \longrightarrow R_1X + \cdot R_2$）			
①$H + O \mid H$	30.7	12.87	14.98
②$OH + O \mid H$	3.3	12.76	14.01
③$n - C_4H_9 + n - C_4 \mid H_9$	5.5	14.6	14.23
（4）游离基的分解反应			
①$R \longrightarrow$ 离子 $+ H$	153.7 ~ 181	13.5 ~ 14.6	15.7 ~ 15.8
②$R \longrightarrow$ 离子 $+ CH_3$	113.8 ~ 194.5	12.0 ~ 16.0	15.6 ~ 15.8
③$n - C_4H_9 \longrightarrow C_2H_4 + C_2H_5$	121.8	13.6	15.58
④$RCO \longrightarrow R + CO$	23.5 ~ 105	10.4 ~ 13.7	14.9 ~ 15.5

续表 3.20

反应系	实测值		计算值
	活化能 $E/(\text{kJ} \cdot \text{mol}^{-1})$	指前因子 $\log k_0$	指前因子 $\log k_0$
$(5)(\cdot A + R_2X \longrightarrow AX + \cdot R_2)$			
① $H + H_2X$	8.4 ~ 183.5	11.54 ~ 16.39	14.4 ~ 15.8
② $F + F_2X$	0 ~ 7.2	12.84 ~ 14.07	14.0 ~ 14.4
③ $Cl + H_2X$	0.084 ~ 131.5	11.6 ~ 14.47	12.4 ~ 15.6
④ $Br + H_2X$	26.5 ~ 175.1	11.6 ~ 14.43	14.9 ~ 15.7
⑤ $I + H_2X$	16 ~ 175.6	3.56 ~ 14.95	14.7 ~ 15.7
⑥ $O + H_2X$	2.52 ~ 316.7	11.24 ~ 14.13	13.9 ~ 16.0
⑦ $N + NO$	1.4	13.49	13.64
⑧ $CH_3 + H_2X$	3.8 ~ 103.8	9.55 ~ 13.8	14.1 ~ 15.5
⑨ $CF_3 + H_2X$	2.1 ~ 54.1	9.54 ~ 13.15	13.8 ~ 15.2
⑩ $C_2H_5 + H_2X$	0.84 ~ 130.2	10.0 ~ 13.1	13.4 ~ 15.6

5. 扩散

对于一维扩散问题,假设原子每移动一步间隔为 a,如图 3.32 所示。s 点的坐标为 0,其向左(内部)运动的最近点为 -1,向右(表面)运动的最近点为 1。s 的振动是独立事件,每次试验 s 要向内外振动两次,则 N 次试验的全部可能性为 2^N。因此在 1 上出现的概率为 $1/2^N$,N 次试验后,s 在内部和表面出现的次数差是 m,则在表面出现的次数为 $(N + m)/2$,在内部出现的次数为 $(N - m)/2$。实现组合的全部数为 $N!/([(N + m)/2]! \cdot [(N - m)/2]!)$,$m$ 的奇偶由 N 的奇偶决定。N 次试验后,概率为

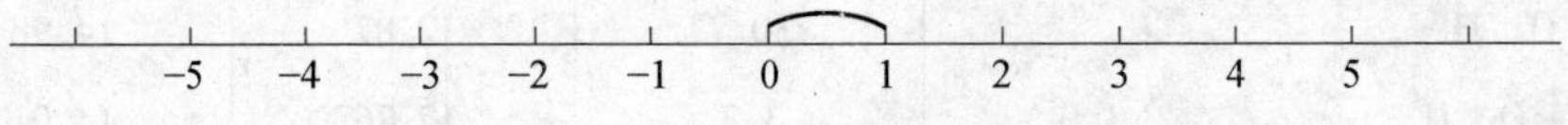

图 3.32　一维扩散

$$P(m,N) = \frac{\left(\frac{1}{2}\right)^N N!}{\left(\frac{N + m}{2}\right)! \left(\frac{N - m}{2}\right)!} \tag{3.34}$$

内外是等概率的,N 非常大的情况下,m 的平均值是 0。实际应用场合 $m \ll N$,对式

(3.34) 取对数,结果对于任意非常大的 n 都成立

$$\ln n! = \left(n + \frac{1}{2}\right)\ln n - n + \frac{1}{2}\ln 2\pi + O(n^{-1}) \quad (n \to \infty) \tag{3.35}$$

$$\ln P(m,N) = \left(N + \frac{1}{2}\right)\ln N - \frac{1}{2}(N + m + 1)\ln\frac{N+m}{2} - $$

$$\frac{1}{2}(N - m + 1)\ln\frac{N-m}{2} - $$

$$\frac{1}{2}\ln 2\pi - N\ln 2 \tag{3.36}$$

式中, m/N 非常小

$$\ln(1 + x) = x - \frac{1}{2}x^2 + O(x^3)$$

从而如下关系式成立

$$\ln P(m,N) = -\frac{1}{2}\ln N + \ln 2 - \frac{1}{2}\ln 2\pi - \frac{m^2}{2N} \tag{3.37}$$

从而

$$P(m,N) = \sqrt{\frac{2}{\pi}N}\exp\left(-\frac{m^2}{2N}\right) \quad (m \ll N) \tag{3.38}$$

$r = ma$ 是 s 从原点 0 移动的距离。 s 在 $r \sim r + \mathrm{d}r$ 间出现的概率是

$$P(r,N)\mathrm{d}r = \frac{P(m,N)\mathrm{d}r}{2a} \tag{3.39}$$

结合式(3.38)

$$P(r,N) = (1/\sqrt{2\pi Na^2})\exp\left(\frac{-r^2}{2Na^2}\right) \tag{3.40}$$

$$P(r,t) = (1/2\sqrt{\pi Dt}\exp - \frac{r^2}{4Dt}))\mathrm{d}r \tag{3.41}$$

其中

$$D = \frac{1}{2}Na^2 \tag{3.42}$$

热粒子位置的移动就是扩散。长时间 Δt 后位置分布概率由式(3.40) 和式(3.41) 求出。

扩散系数 D 与温度有关。例如,如式(3.26) 所示,原子位置的停留时间是 τ。式

（3.42）中 N 是单位时间内移动的次数

$$D = \frac{\pi \nu a^2}{\exp\dfrac{h\nu}{2kT} - \exp\left(-\dfrac{h\nu}{2kT}\right)} \tag{3.43}$$

通常 $h\nu \gg kT$

$$D = \pi \nu a^2 \exp\left(-\frac{h\nu}{2kT}\right) \tag{3.44}$$

$$D = D_0 \exp\left(-\frac{E}{kT}\right) \tag{3.45}$$

$$E = \frac{1}{2}h\nu \quad D_0 = \pi \nu a^2 = \frac{2\pi a^2 E}{h} \tag{3.46}$$

由式（3.46）得出两个结论，第一，扩散活化能与 $\frac{1}{2}h\nu$ 相当，扩散活化能系数用 D_0 表示；第二，扩散系数 D_0 由活化能确定，活化能大则扩散系数大。

用式（3.46）表示的扩散系数非常合适。表 3.21 是扩散系数的实验值和式（3.46）计算的结果，活化能是实测值。a 是原子间距离。由表中可以看出，实验值和计算值误差在允许范围内，不确定性原理对扩散系数解释很合理。

表 3.21　金属的自扩散系数

扩散系数试验条件	实测值		计算值
	活化能	扩散系数	扩散系数
	$E/(\text{kJ} \cdot \text{mol}^{-1})$	$D_0/(\text{cm}^2 \cdot \text{s}^{-1})$	$D_0/(\text{cm}^2 \cdot \text{s}^{-1})$
（1）$\alpha - \text{Fe}(a = 2.482\text{Å})$			
700 ~ 750 ℃（强磁性，1961 年）	60.0	2.0	2.44
628 ~ 726 ℃（强磁性，1966 年）	60.7	27.5	2.47
809 ~ 905 ℃（常磁性，1961 年）	57.2	1.9	2.33
863 ~ 899 ℃（常磁性，1963 年）	57.3	2.0	2.33
767.5 ~ 884 ℃（常磁性，1966 年）	57.5	2.01	2.34
501.5 ~ 782 ℃（晶界扩散，1965 年）	41.5	11.2×10^{-7}	1.69
（2）$\gamma - \text{Fe}(a = 2.520 \text{ Å})$			
1 064 ~ 1 349 ℃（1961 年）	64.5	0.18	2.71
918 ~ 1 259 ℃（1961 年）	60.0	0.0185	2.52
918 ~ 1 259 ℃——（1962 年）	67.7	2.46	2.84
918 ~ 1 259 ℃——（1962 年）	60.0	0.018	2.52
1 156 ~ 1 349 ℃（1963 年）	64.0	0.22	2.69
1 031 ~ 1 320 ℃（1965 年）	67.8	1.05	2.84

续表 3.21

扩散系数试验条件	实测值		计算值
	活化能	扩散系数	扩散系数
	$E/(\text{kJ} \cdot \text{mol}^{-1})$	$D_0/(\text{cm}^2 \cdot \text{s}^{-1})$	$D_0/(\text{cm}^2 \cdot \text{s}^{-1})$
(3)δ – Fe($a = 2.534$ Å)			
1 404 ~ 1 518 ℃(1961 年)	42.4	0.019	1.80
1 413 ~ 1 507 ℃(1962 年)	57.0	1.9	2.42
1 407 ~ 1 515 ℃(1963 年)	61.7	6.3	2.62
1 405 ~ 1 515 ℃(1964 年)	60.8	8.3	2.58
1 428 ~ 1 492 ℃(1966 年)	57.5	2.01	2.44
(4)Ag($a = 4.086$ Å)	44.1	0.40	1.62
(5)Al(4.050)	34.0	1.71	1.22
(6)Au(4.078)	41.7	0.091	1.52
(7)Cd(2.979)	18.2	0.05	0.36
(8)Co(2.507)	67.7	0.83	0.93
(9)Cr(2.884)	73.2	0.28	1.34
(10)Cu(3.615)	47.1	0.20	1.35
(11)Ge(5.657)	68.5	7.8	4.81
(12)K(5.247)	9.75	0.31	0.59
(13)Mg(3.209)	32.2	1.0	0.73
(14)Na(4.291)	10.5	0.24	0.42
(15)Ni(3.524)	66.8	1.27	1.82
(16)Pb(4.951)	24.2	0.28	1.30
(17)Pt(3.923)	68.2	0.33	2.31
(18)Sn(5.820)	24.3	4.2	1.81
(19)Tl(3.456)	22.9	0.40	0.60
(20)V(3.024)	73.7	0.36	1.48
(21)Zn(2.665)	21.8	0.13	0.34

6. 改进的 Hückel 法计算反应速度

改进的 Hückel 法是数值计算不确定性振幅 ΔE,具体的计算可以参照第 4 章铝合金部分和第 5 章吸氢材料。

3.5.3 反应速度表达式

前面从反应的阶层性方面推出了化学反应中简单反应的反应驱动力和反应速率。对于复杂反应,应该从阶层性讨论。复合反应包括反应的复合性和不均一性两个问题。

1. 速度式 —— 基本原理

下面是复杂反应的根本法则：

法则1：反应速度与单位时间形成粒子群（原子对、分子群）的数目成比例；

法则2：反应速度与单位粒子浓度成比例。

例如，溴的分解反应

$$Br_2 \longrightarrow 2Br \tag{3.47}$$

根据法则1的分解速度

$$\frac{d[Br]}{dt} = k[Br_2] \tag{3.48}$$

式（3.47）的逆反应

$$2Br \longrightarrow Br_2 \tag{3.49}$$

的反应速度，根据法则2是

$$\frac{d[Br]}{dt} = k[Br]^2 \tag{3.50}$$

2. 速度式 —— 反应层次性

（1）复杂反应

氢和溴的反应是均匀反应，生成溴化水，化学式为

$$H_2 + Br_2 \Longrightarrow 2HBr \tag{3.51}$$

其反应速度式为

$$-\frac{d[H_2]}{dt} = -\frac{d[Br_2]}{dt} = [H_2] \cdot [Br_2] \tag{3.52}$$

实际速度式

$$\frac{d[HBr]}{dt} = \frac{k[H_2][Br_2]^{1/2}}{1 + k'[HBr]/[Br_2]} \tag{3.53}$$

活化能是 $168.2 \text{ kJ} \cdot \text{mol}^{-1}$，$k'$ 值在 25 ℃ 时是 0.116，300 ℃ 时是 0.122。复合反应可以进行分解。

$$(1) \; Br_2 \underset{k_{-1}}{\overset{k_{+1}}{\longleftrightarrow}} 2Br - 192.8 \text{ kJ} \quad (46.08 \text{ kcal})$$

$$(2) \; Br + H_2 \underset{k_{-2}}{\overset{k_{+2}}{\longleftrightarrow}} HBr + H - 69.94 \text{ kJ} \quad (16.72 \text{ kcal}) \tag{3.54}$$

$$k_{+3}$$

(3) $H + Br_2 \longrightarrow HBr + Br + 173.1(41.38 \text{ kcal})$

各反应的反应热都是在 25 ℃。$k_{+1}, k_{-1}, k_{+2}, k_{-2}, k_{+3}$ 是(1)(2)(3) 的相对正逆反应速率。

(1)(2) 是可逆反应,(3) 是正反应。反应中分子的浓度使反应进行,H_2, HBr, Br_2 浓度比较小

$$\frac{d[Br]}{dt} = 0, \quad \frac{d[H]}{dt} = 0 \tag{3.55}$$

$d[Br]/dt$,(1) 的正方向,(2) 的逆方向,(3) 的正方向生成 Br 原子,(1) 的逆方向,(2) 的正方向的反应使 Br 原子减少。

$$\frac{d[Br]}{dt} = k_{+1}[Br_2] - k_{-1}[Br]^2 - k_{+2}[H_2] \cdot [Br] + k_{-2}[HBr] \cdot [H] + k_{+3}[H] \cdot [Br_2] = 0 \tag{3.56}$$

同样 H 原子

$$\frac{d[H]}{dt} = k_{+2}[Br][H_2] - k_{-2}[HBr][H] - k_{+3}[H][Br_2] = 0 \tag{3.57}$$

从而,两式的正常状态由 H 原子和 Br 原子浓度决定,溴化氢的生成速度为

$$\frac{d[HBr]}{dt} = k_{+2}[H_2][Br] - k_{-2}[HBr][H] + k_{+3}[H][Br_2] \tag{3.58}$$

代入得

$$\frac{d[HBr]}{dt} = \frac{2k_{+2}(k_{+1}/k_{-1})^{\frac{1}{2}}[H_2][Br_2]^{\frac{1}{2}}}{1 + (k_{-2}/k_{+3})[HBr]/[Br_2]} \tag{3.59}$$

实验求得的速度数

$$k = 2k_{+2}(k_{+1}/k_{-1})^{\frac{1}{2}} \tag{3.60}$$

$$k' = k_{-2}/k_{+3} \tag{3.61}$$

上例中,总反应分解为 5 个简单的反应,3.5.3 小节中的法则 1 适合计算总反应的反应速度。复合反应可分解为简单反应。构成复合反应的简单反应速度可用基本法则计算,而其基本简单反应可能如下进行:

① 反应相继进行;

② 反应并列进行;

③ 复杂的组合(交互的进行)。

（2）不均匀反应

在不均匀反应的情况下，反应进行是反应向界面的推进。在这种情况下，反应的单位粒子群数与界面面积成正比。本节将利用反应的界面推导反应速度式。不均匀反应有气－固体系，气－液体系，液－液体系，固－液体系，固－固体系。以固－固体系进行展开分析。

单位体积的母相在时间 t 内生成新相的体积分数为 Y_V。新相与母相的反应界面垂直方向移动的速度为 G，生成相体积增加的总速度是

$$\frac{\mathrm{d}Y_V}{\mathrm{d}t} = GS \tag{3.62}$$

式中，S 是生成相与母相的反应界面的面积。

S 是 Y_V 和 t 的函数，Johnson – Mehl 利用了扩张体积 V_e 和扩张表面积 S_e 的概念，V_e 是最终的反应体积。

$$\frac{\mathrm{d}V_e}{\mathrm{d}t} = GS_e \tag{3.63}$$

对于新相是无序的情况，界面面积等于最终反应的面积与未反应的体积分数（$1 - Y_V$）的乘积

$$S = (1 - Y_V)S_e \tag{3.64}$$

结合式（3.62），（3.63），（3.64）得

$$\mathrm{d}Y_V = (1 - Y_V)\mathrm{d}V_e \tag{3.65}$$

分离积分得

$$Y_V = 1 - \exp(-V_e) \tag{3.66}$$

反应在 t_1 时刻开始，在 t 时刻结束，新相是球形的，所以终了反应的体积是 $\frac{4}{3}\pi G^3(t - t_1)^3$。母相单位体积新相粒子数增加的速度，即时刻 t_1 到 $t_1 + \mathrm{d}t_1$ 间生成的粒子数是

$$\mathrm{d}n = I(1 - Y_V)\mathrm{d}t_1 \tag{3.67}$$

反应最终生成的新相粒子数是 $IY_V\mathrm{d}t_1$。

$$\mathrm{d}n_1 = I\mathrm{d}t_1 \tag{3.68}$$

从而时刻 t 的体积是

$$V_e = \frac{4\pi}{3} G^3 \int_0^t (t - t_1) \, dt_1 \tag{3.69}$$

结合式(3.66)和式(3.69),可以看出 Y_v 和 t 的关系。新相粒子数增大速度 I 与时间具有指数关系

$$I = \frac{N_0}{\tau_2} \exp\left(-\frac{t}{\tau_2}\right) \tag{3.70}$$

时刻 t 生成新相粒子个数 N 是

$$N = N_0 \left\{ 1 - \exp\left(-\frac{t}{\tau_2}\right) \right\} \tag{3.71}$$

结合式(3.69)和式(3.70)

$$V_e = N \left(\frac{t}{\tau_1}\right)^3 \tag{3.72}$$

其中

$$\tau_1 = \left(\frac{3}{\pi G^3}\right)^{\frac{1}{3}} \tag{3.73}$$

从而

$$Y_v = 1 - \exp(-V_e) =$$
$$1 - \exp\left\{-N\left(\frac{t}{\tau_1}\right)^3\right\} =$$
$$1 - \exp\left\{-\left(\frac{t}{\tau_1}\right)^3 N_0 \left[1 - \exp\left(-\frac{t}{\tau_2}\right)\right]\right\} \tag{3.74}$$

以上反应速度方程式的导出,假设反应生成相是球形的,新相粒子数的增加速度由式(3.70)表示。对于新相粒子形状是板状、棒状、针状等其他形状,也用同样方法计算速度,反应速度的一般形式是

$$Y_v = 1 - \exp\left(-N\left(\frac{t}{\tau_1}\right)^{n_1}\right) =$$
$$1 - \exp\left\{-\left(\frac{t}{\tau_1}\right)^{n_1} \left[1 - \exp\left(-\frac{t}{\tau_2}\right)^{n_2}\right]\right\} \tag{3.75}$$

式(3.75)的反应速度可以应用于合金的析出,分解反应,参照第 5 章中的吸氢材料。

3.5.4 反 应

存在空穴,结合能低,能量变化大。对于结合性,如果存在空穴,则是金属结合;如

果不存在则是共价结合或离子结合。对于结构，如果存在空穴则是等方非局限最密排结构；如果不存在空穴，则是异方局限的疏松结构。对于物性，如果存在空穴，则具有良好的塑性变形能力，低强度，低耐蚀性，低耐热性；如果空穴果不存在，则是脆性，高强度，高耐蚀性，高耐热性的。对于反应，如果存在空穴，则是不稳定的，寿命短，反应速度高，空穴是否存在决定着反应方向和反应速度。因此，空穴是否存在是结合、结构、物性和反应的基本前提。

第4章 合金论

为了分析元素对合金性质的影响,首先应根据元素是否固溶于合金对其进行分类,并且根据其性质与量的结合来讨论合金元素的影响。如果忽略元素是否固溶于合金,则无法正确讨论合金元素对合金性质的影响。因此,必须首先从判定元素是否固溶于合金来分析合金的固溶、不溶和化合物形成的问题。

4.1 合金的固溶、不溶和化合物形成性

1.模型的建立

分析合金的固溶、不溶和化合物的形成性时,采用如下的 cluster 模型。首先,为了减少表面原子的影响,增加计算机计算能力范围内的原子数目并且接近球形的 cluster,假设每个结构的大小都一定,即在面心立方的晶格里,取其中心到第 4 近邻的原子,即全部原子数为 55 的大小一定的近于球形的 cluster;在体心立方的晶格里,取其中心到第 5 近邻的原子,即全部原子数为 59 的大小一定的近于球形的 cluster;六方晶格则取其中心到第 6 近邻原子全部原子数为 57 的大小一定的近于球形的 cluster;金刚石结构则取从中心到第 6 近邻原子,即全部原子数为 71 的大小一定的近于球形的 cluster。用于计算的晶格结构及晶格常数可参考文献[36 – 40],其中大部分是接近室温下的,另一部分是高温下的。其次,为分析合金元素结合能及其组成引起的变化,用合金元素逐个随机地置换溶剂原子之后计算结合能,但是由于假设的结构和晶格常数是溶剂的,因此,合金元素及其组成一旦发生变化,实际结构和晶格常数也就发生了变化,但是作为第一近似,仍然可忽视这些进行假想计算。

Mulliken 在 population 的讨论里,认为溶剂原子的球形 cluster 的中心原子只有一个被合金元素置换,计算时采用此中心原子和第一近邻溶剂原子以及它们之间的 population。再利用分子轨道法中的一种"扩展的 Hückel 法"对 cluster 模型的结合能和 Mulliken 的各种 population 进行计算,并使用这些物理量就固体的固溶性、不溶性和化合物的形成性问题进行分析研究。

2. 计算结果

以前人们根据 Hume Rothery 法则和森永等的 Md 值(把 d 电子占据的分子轨道的能量按照组成取平均值)对固溶性进行评价,他们主要是利用各自原子的半径差、轨道能量来探讨固溶性,而本书为了对固溶性有全面的理解,利用结合能以多种物理量为基础进行讨论。使用作为分子轨道法的一种"扩展的 Hückel 法",对 cluster 模型的结合能和 Mulliken 的各种数目进行计算,并使用这些物理量就固体的固溶性、不溶性和化合物形成性问题,以无限固溶为中心进行讨论。

(1) 结合能

所有无限固溶型二元系合金如图 4.1 所示,其对应的结合能的计算结果如图 4.2 所示。计算时以构成 cluster 的原子相互无限远状态为基准(能量为 0),用结合能表示凝集及形成 cluster 到极大值程度开始变得稳定时的能量的减小量。因为在研究中重要的不是绝对值,而是相对变化量,所以为了使单元素物质结合能的计算值与实验值相符合,有必要进行一些修正。即在取得实际的晶格结构和晶格常数的时候,为了使结合能值与实测值一致而修正了孤立原子的能量。这个修正量因元素的不同而不同程度地从 0 到 1 eV 进行变化。图 4.2(a) 为将溶剂的 Ca 原子逐个地用 Sr 原子置换的情况(Ca-Sr 系) 以及将溶剂的 Sr 原子用 Ca 原子置换的情况下(Sr-Ca 系) 的结合能的计算结果。同一图中的虚线连接了两端单元素物质的结合能。如果结合能沿着这条虚线变化,就意味着合金的结合能由单元素物质的结合能给出。为简单化,在图 4.2 的其余图中(从每个结构中选取一例) 省略了连接两端单元素物质的结合能的虚线,但可以通过假想出这样的虚线看到计算结果,进而从它们的结合能的计算结果判定稳定性。图中的相对假想虚线幅度越大,越往正方向偏移,意味着 cluster 越稳定。例如,在图 4.3 中,Fe-O、Fe-F、Fe-N、Fe-C 的各二元系的结合能均从假想曲线出发大幅度地向正向偏移,显示出了极大的结合能,这与 O、F、N、C 等原子与铁原子溶剂之间形成稳定的化合物是相对应的。另外,在右端的结合能比单元素物质的更加偏下,这是因为合金的元素及其组成一旦变化,尽管实际上结构和晶格常数与单元素物质相比有些变化,但是可以忽略这些进行假想计算。这种倾向在周期表中的右面的元素即非金属元素体现得非常显著,因为非金属元素的结合与结构与溶剂非常不同。而金属元素的结构即使不同,其结合能也在偏离连接两端单元素物质的虚线的倾向中存在,从图 4.4 中可以看出这一点,图中虚线连接了两端单元素物质的结合能。

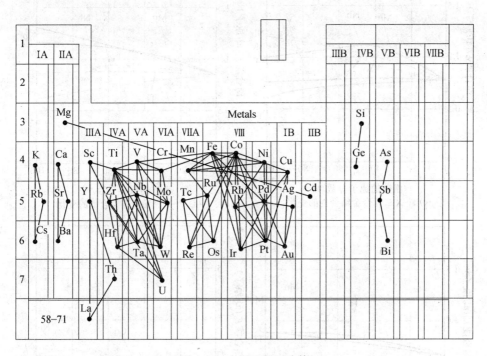

图 4.1　二元无限固溶体

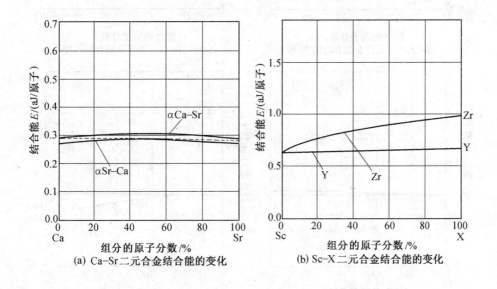

(a) Ca-Sr 二元合金结合能的变化　　(b) Sc-X 二元合金结合能的变化

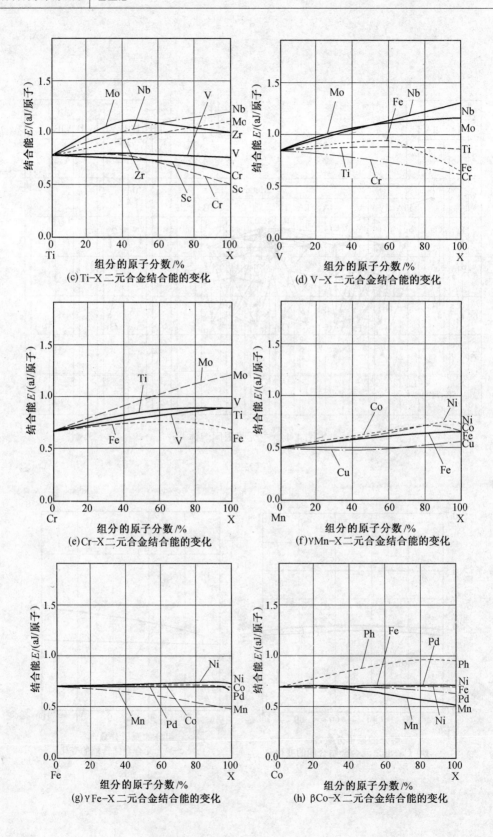

(c)Ti-X二元合金结合能的变化

(d) V-X二元合金结合能的变化

(e)Cr-X二元合金结合能的变化

(f)γMn-X二元合金结合能的变化

(g)γFe-X二元合金结合能的变化

(h) βCo-X二元合金结合能的变化

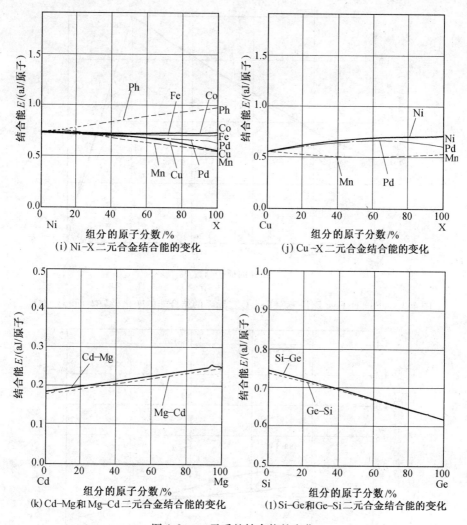

图4.2 二元系的结合能的变化

（2）Mulliken 数

通过分子轨道用原子轨道的一次结合展开时的系数求出 Mulliken 数，且从这个数可以知道电子的分布。Mulliken 数的计算结果见表 4.1。原子数表示属于该原子的电子数，而在表 4.1 中表示的是与孤立中性原子的电子数的差。各溶剂原子的原子数变负，反映了该导体中电荷从中心向表面移动的倾向。在溶剂原子中溶质原子的原子数变化，与 Pauling 的电负性有很好的对应。Mulliken 将原子的结合数扩展作为传统上的化学结合次数，根据其大小，可判断共价键的强弱。由表 4.1 可知，在形成化合物的元素和不固溶的元素里，其原子的结合数与溶质原子有很大不同，而无限固溶的情况下，溶质原子的结合数和溶剂原子相比没有太大变化。

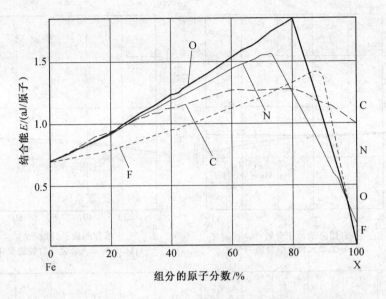

图4.3 γFe-O、Fe-F、Fe-N、Fe-C二元系的结合能的变化(结构:面心立方)

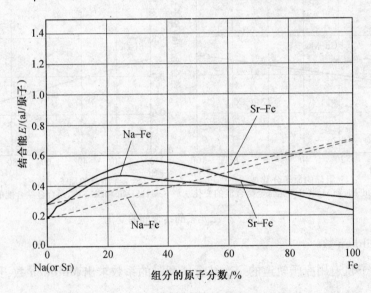

图4.4 Na-Fe、Sr-Fe二元系的结合能的变化(结构:体心立方)

(3)结合性的判定

把结合能的大小与Mulliken数组合起来,便能够判定结合性,判定方法如下:

首先,根据下面方法确定结合能比较大的4种结合性:

① 共价键:原子的结合数大且原子数为中性;

② 金属键:原子的结合数小且原子数为中性;

③ 离子键:原子的结合数为 0 或负且原子数为正和负;

④ 分子键(范德华键):原子的结合数为 0 且原子数为中性。

其次,反结合性:原子的结合数负且原子数为中性。

在反结合性中,结合能当然是负或 0。现实中不可能存在如此理想的结合,一般都为这些结合的组合。例如,在 Fe-O、Fe-F 系中,由图 4.3 知其结合能很大,由表 4.1(a)知原子的结合数为负且原子数有正的大值,则知溶质原子与溶剂原子的 Fe 之间形成了离子键合。在既不形成化合物也不形成固溶体的 Na-Fe、Sr-Fe 系中,由图 4.4 知其结合能较小,Fe 的原子的结合数的值由 4.1(c)知,与其他系的 Fe 相比小得多,因此,Na 或 Sr 与 Fe 之间的结合性为反结合性。其他无限固溶性的结合性则由于从图 4.2(a)到图 4.2(1)的结合能为中性且从表 4.1(a)与表 4.1(b)可知原子的结合数为正,所以为金属键合或共价键合。

表 4.1　二元系的原子数(A.P.)和原子的结合数 (A.B.P.)

(a) 完全固溶体系					
	A. P.	A. B. P.		A. P.	A. B. P.
Mg – Mg	– 0.432	0.075 2	Nb – Nb	0.203	0.179
– Cd	0.493	0.112	– Ti	– 2.14	0.871
(hcp)			– Zr	– 1.10	0.144
Ca – Ca	– 0.213	0.090 2	– V	– 1.41	0.127
– Sr	0.766	0.139	– Mo	2.09	0.169
(fcc)			(bcc)		
Sr – Sr	0.064 7	0.107	Cr – Cr	– 0.438	0.174
– Ca	– 0.665	0.069 3	– Ti	– 1.75	0.131
(fcc)			– V	– 1.26	0.161
Sc – Sc	0.069 2	0.134	– Mo	1.44	0.197
– Y	1.79	0.133	– Fe	1.51	0.125
– Zr	5.79	0.152	(bcc)		
(hcp)			Mo – Mo	– 0.157	0.161
Y – Y	– 0.358	0.125	– Ti	– 2.58	0.713
– Sc	– 0.351	0.122	– V	– 2.55	0.101
(hcp)			– Nb	– 1.35	0.153
Ti – Ti	0.277	0.173	– Cr	– 2.00	0.124

续表 4.1

	A. P.	A. B. P.		A. P.	A. B. P.
– Sc	– 0.705	0.148	(bcc)		
– Zr	1.81	0.216	Mn – Mn	– 0.400	0.114
– V	2.31	0.192	– Fe	1.00	0.096 9
– Nb	3.90	0.215	– Co	1.20	0.083 4
– Cr	3.23	0.172	– Ni	0.740	0.077 2
– Mo	4.62	0.179	– Cu	0.148	0.072 1
(bcc)			(fcc)		
Zr – Zr	0.208	0.152	Tc – Tc	– 0.066 2	0.111
– Sc	– 0.112	0.102	– Ru	1.21	0.084 1
– Ti	– 1.09	0.108	(hcp)		
(hcp)			Fe – Fe	1.41	0.122
Zr – Zr	0.544	0.182	– V	– 3.45	0.867
– Ti	– 0.772	0.133	– Cr	– 3.46	0.110
– Nb	3.05	0.193	(bcc)		
(bcc)			Fe – Fe	– 0.579	0.096 1
V – V	– 0.122	0.177	– Mn	– 2.42	0.103
– Ti	– 1.18	0.145	– Co	0.430	0.079 7
– Nb	7.05	0.213	– Ni	0.341	0.069 8
– Cr	1.44	0.178	– Pd	0.764	0.056 9
– Mo	3.10	0.191	(fcc)		
– Fe	2.15	0.141			
(bcc)			Pd – Pd	0.135	0.022 3
Ru – Ru	– 0.657	0.082 9	– Fe	– 7.24	0.025 0
– Tc	– 2.83	0.093 4	– Co	– 7.88	0.030 1
– Co	– 2.49	0.076 4	– Rh	– 5.56	0.038 1
(hcp)			– Ni	– 7.30	0.034 4
Co – Co	– 1.23	0.079 8	– Cu	– 1.53	0.027 3
– Ru	0.310	0.087 0	– Ag	– 0.762	0.020 0
(hcp)			(fcc)		
Co – Co	– 0.971	0.076 8	Cu – Cu	– 0.128	0.058 9
– Mn	– 3.99	0.081 7	– Mn	2.11	0.064 7
– Fe	– 2.83	0.088 4	– Ni	0.059 8	0.060 0
– Rh	0.935	0.059 2	– Pd	0.698	0.048 9
– Ni	– 0.659	0.064 0	(fcc)		
– Pd	0.478	0.050 1	Ag – Ag	– 0.188	0.038 4
(fcc)			– Pd	0.813	0.038 4
Rh – Rh	– 1.44	0.056 3	(fcc)		
– Co	– 6.12	0.056 3	Cd – Cd	– 0.407	0.074 9
– Ni	– 4.88	0.060 1	– Mg	– 0.812	0.058 4
– Pd	– 0.011 3	0.032 8			

续表 4.1

	A. P.	A. B. P.		A. P.	A. B. P.
(fcc)			(hcp)		
Ni – Ni	– 0.866	0.051 1	Si – Si	– 0.301	0.359
– Mn	– 5.11	0.055 2	– Ge	– 0.367	0.366
– Fe	– 4.96	0.067 4	(diamond)		
– Co	– 3.79	0.073 0	Ge – Ge	– 0.296	0.355
– Rh	0.671	0.046 9	– Si	– 0.227	0.347
– Pd	0.355	0.037 3	(diamond)		
– Cu	– 0.567	0.040 3			
(fcc)					
(b) 形成化合物体系			(c) 不溶体系		
	A. P.	A. B. P.		A. P.	A. B. P.
Fe – Fe	– 0.579	0.096 1	Na – Na	– 0.024 3	0.065 3
– C	2.35	0.069 7	– Fe	3.84	0.083 8
– N	2.55	0.018 3	(bcc)		
– O	1.90	– 0.002 5	Sr – Sr	0.064 7	0.107
– F	0.98	– 0.005 9	– Fe	3.19	0.043 5
(fcc)			(bcc)		

(4) 讨论

利用已有的计算结果可以讨论关于材料无限固溶性的特征。由图4.2(a)、4.2(b)可见,大多数情况下,在表示无限固溶性的二元系中,固溶体的结合能沿着连接两端单元素物质的虚线变化,此结合能曲线只在极少数情况下发生凸出偏移至虚线以上的现象。向虚线上方偏移的典型代表是完全不显现相互固溶性的化合物的形成系的结合能,如图4.3所示。依此判断,结合能曲线凸出偏移至虚线以上,虽然无限固溶,但可认为是由于溶剂原子和溶质原子之间多少有些形成化合物的倾向。既不形成化合物也不形成固溶体的体系的结合能也在偏离虚线的倾向中存在,如图4.4所示。综合起来,认为无限固溶系的特征就是固溶体的结合能组成的变化沿着连接两端单元素物质的虚线变化,这也是无限固溶的情况与形成化合物和既不形成化合物又不固溶的情况的区别,可以通过结合能的组成变化是否沿着连接两端的单元素物质的曲线变化来加以判断。另外,关于Mulliken的数目无限固溶性的特征可以由表4.1(a)和4.1(b)总结如下:溶质原子对于无限固溶系的原子数随着Pauling的电负性的大小而变化,其变化量与形成化合物的情况和固溶的情况相比比较小。另外,在形成化合物和不溶元素的情况下,其原子的结合数与溶剂元素相比无太大变化。在无限固溶系的结合性中有金属键合和共价键合,金属键和共价键类原子能很好地相溶。

可见,通过结合能的大小来判断稳定性,将此与原子的结合数以及原子数组合起来,则能够判断溶剂原子和溶质原子之间的结合性(共价键合、金属键合、离子键合和分子结合)和反结合性。无限固溶系的二元的结合性很相似。结合性的类似对应着结合能以及 Mulliken 数的类似。无限固溶系的结合性是金属键或共价键,结合能与体系的组成呈直线变化。

4.2　铝合金论

1. 模型建立

采用如下的 cluster 模型探讨铝合金的固溶性、不溶性和化合物形成性。

(1) 为减少表面原子的影响,增加计算机计算能力范围内的原子数目,使用近于球形的 cluster,假设每个结构的大小都一定。即面心立方晶格取从中心原子到第 4 近邻原子,全部原子数为 55 的一定大小的近于球形的 cluster。实际上用于计算的晶体结构以及晶格常数在文献中已有报道,是接近室温的结构和常数。

(2) 为分析合金元素的结合能及其组成引起的变化,将铝原子用合金元素随机地一个个置换以后计算其结合能。假设结构和晶格常数是铝的,那么,合金元素及其组成一旦变化,则实际上结构和晶格常数有变化,但作为第一近似,就成了忽略这些的假想系的计算。在进行 Mulliken 数评价的时候,认为55 个铝原子的球形 cluster 的中心原子只有一个被合金元素替换,利用此中心原子和第一近邻原子以及它们之间的数目进行评价。

2. 计算结果

(1) 根据 Mulliken 数进行结合性判定

原子数表示原子所拥有的电子数,而在图 4.5 中,显示了来自孤立中性原子的电子数的差。原子数比铝小的元素有碱金属和碱土类金属,除此以外的大部分元素中的原子数都比铝大,且能够很好地对应着 Pauling 的电负性的大小。

Mulliken 将原子的结合数扩展为传统化学概念的结合次数。根据其大小,可以判断共价键的强弱。将这两个数目组合起来,就可以判断原子间的局部结合性。判定方法如下:

首先,判断结合能比较大的 4 类结合:

① 共价键:原子的结合数为正且大,原子数为中性;

② 金属键:原子的结合数为正且小,原子数为中性;

③ 离子键:原子的结合数为0或负,且原子数为正或负;

④ 分子键(范德华键):原子的结合数为0,原子数为中性。

其次,反结合性:原子的结合数为负,原子数为中性。

最后,反结合性的结合能是负或者0。实际上这样理想化的结合不存在,而都是这些结合性的组成。

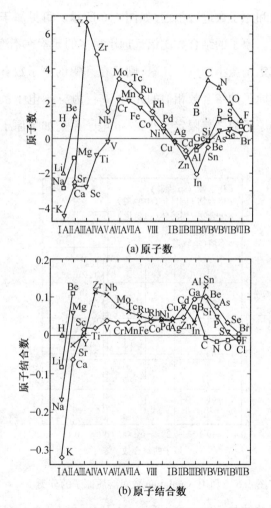

图 4.5　不同铝合金中各种元素的原子数和原子结合数

(2) 铝合金的固溶、不溶和化合物形成性

由4.1节可知,像无限固溶那样很好地互溶的两个元素的结合性非常相似。结合

性的类似对应着结合能和数目的类似。无限固溶系的结合性是金属键合或者共价键合。结合能与二元系的组成呈线性关系。以此为基础来讨论铝合金的固溶性、不溶性和化合物的形成性。首先，可以把元素分为以下 4 类：

① 只和 Al 原子形成化合物但不显示相互固溶性的元素；

② 只和 Al 原子形成化合物并且显示相互固溶性的元素；

③ 不与 Al 原子形成化合物，只显示相互固溶性的元素；

④ 不与 Al 原子形成化合物，也不显示相互固溶性的元素。

利用原子的结合数和原子数进行整理，如图 4.6 所示。可见属于同型的同类元素形成了群并聚集在一起。原子的结合数比铝远远小得多的元素在不溶元素邻近的左下汇集。原子的结合数比铝稍微小一点的元素，则只在和铝的原子数有很大差的情况下才形成化合物。与铝的原子的结合数相似的元素，其行为与 sp 电子系和 sd 电子系有差异。固溶型元素与铝的原子数之差限定于小的 sp 电子系。如果原子数的差变大就会出现形成化合物的倾向。

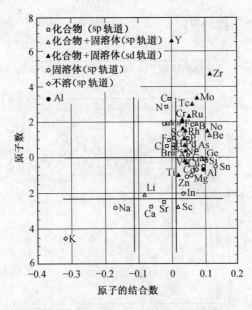

图 4.6　利用 population 数对溶质原子的分类

根据上面的分析可总结如下：

（1）与铝原子只形成化合物而不表现相互固溶性的元素为：① 结合能的组成变化相对直线有较大偏移；② 结合性为离子键合或共价键合；③ C、N、P、As、O、S、Se、F、Cl、

Br、H、Ca 和 Sr 等元素。

（2）与铝原子形成化合物且表现相互固溶性的元素为：① 结合能的组成变化只稍微偏离直线；② 结合性在（离子键合 + 共价键合）之上再加上金属键合；③Li、Be、B、Sc、Y、Ti、Zr、V、Nb、Cr、Mo、Mn、Tc、Fe、Ru、Co、Rh、Ni、Pd、Cu 和 Ag 等元素。

（3）与铝原子不形成化合物，仅仅表现相互固溶性的元素为：① 结合能的组成变化呈直线；② 结合性是金属键合或者在此基础上加上共价键合或者离子键合；③Mg、Zn、Cd、Ga、In、Si、Ge 和 Sn 等。但是，Mg 虽然不形成稳定的化合物，但由于和铝之间存在着"中间相"，所以是一种特殊的元素。

（4）既不与铝形成化合物，又不表现相互固溶性的元素为：① 结合能的组成变化偏离直线；② 结合性为反结合性；③Na，K 等。

3. 铝合金及其稳定性

可以利用结合能和能量起伏的计算结果来判定稳定性，如图 4.7 所示。在无限固溶系中，结合能与合金的组成呈直线变化。对应的能量起伏也有些波动，但不存在某些特别时刻的极值。Al – Co 系中虽然没有形成化合物，但当 Al 和 Co 成分比较相近时，便形成了比其形成元素中的任何一个熔点都要高的稳定的中间相，其计算结果如图 4.8 所示。在 Al 和 Co 的成分相近之处，结合能相对于连接两端单元素物质结合能的直线有最大的正偏移，能量起伏也出现了极小值，可以看出稳定化的特征。图4.9 ~ 图4.11 是关于 Al – H 系、Al – F 系、Al – O 系的同样的计算结果。

在图4.9 ~ 图4.11 中都可以看出在某一成分时能量起伏出现了尖锐的极小值，结合能也相应地在那个位置出现了对直线的大的正偏移。这些成份大体上分别对应着化合物 AlH_3，AlF_3 和 Al_2O_3。这种稳定的化合物存在时，在其对应的组成之处显示出结合能的极大以及能量起伏的极小。把 AlCo，AlH_3，Al_2O_3 和 AlF_3 的结合性与计算结果综合起来，就可以发现金属键中越是掺杂离子键，结合能就越大，能量起伏就越小。

4. 铝合金的时效性和析出性

（1）Al – Cu，Al – Ag 合金系的时效性和析出性

①G. P. 区的形状、方位和组成

Al – Cu 系和 Al – Ag 系是具有时效硬化性的代表性合金系，因此有必要详细地研究其析出过程，其结果如图 4.12 所示。Al – Cu 合金系中，组成100% Cu 的板状 G. P. 区是在 |100| 面上形成的。Al – Ag 合金系中，716 K 以上形成30% Ag，716 K 以下则形成

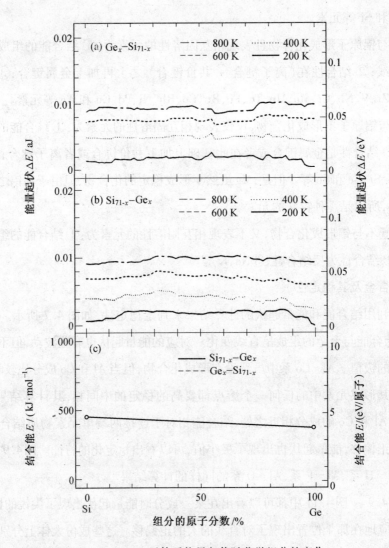

图 4.7　Si - Ge 二元体系能量起伏随化学组分的变化

55% ~ 60% Ag 的球状区域。图中利用全部原子数为 141(128 个铝原子和 13 个铜,锌或者银原子) 的 cluster 显示了和其 G. P. 区形成相关的计算结果。然后在对应着纯 Al,Al-Cu 系和 Al-Ag 系的过饱和固溶体 G. P. 区生成的各种状态模型指导下,计算了结合能以及能量的起伏。

　　结合能的计算结果如图 4.13 和图 4.14 所示。图 4.15 和图 4.16 为能量起伏的计算结果。

　　首先,以结合能为尺度进行比较,在纯 Al 与过饱和固溶体 G. P. 区的生成状态顺序中,越往后越稳定,这主要是由于合金化或析出所造成的稳定化。当以能量起伏作为尺度来比较其稳定性时,过饱和固溶体与纯 Al 在{100} 面上的 G. P. 区的生成状态顺序

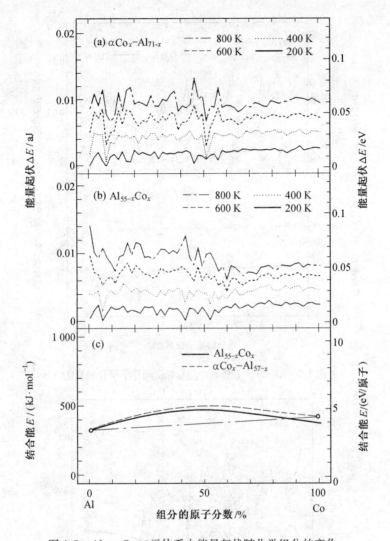

图 4.8 Al-αCo 二元体系中能量起伏随化学组分的变化

中,越往后越稳定,纯 Al 失去了析出性,也就是说过饱和状态的合金系具备了独特的不稳定性。另外,在析出进行的同时,析出驱动力在减小。

其次,用结合能比较各种 G.P. 区模型的稳定性,在 Al-Cu 合金系中{100} 面生成的铜的原子质量分数为 100% 的 G.P. 区是最稳定的;在 Al-Ag 合金系中,Ag 的原子分数为 13/43(约 30%)的球形 G.P. 区是最稳定的,这都与实验结果相符。当从能量起伏角度来比较时,得出的结果为:在 Al-Cu 合金系中,{100} 面生成 Cu 的原子分数为 100% G.P. 区时最稳定;在 Al-Ag 合金系中,{100} 面生成 Ag 的原子分数为 100% G.P. 区时最稳定。这说明 Al-Ag 系的球状 G.P. 区是静态的稳定,而在动态时是不稳定的。也就是说,形成的 G.P. 区

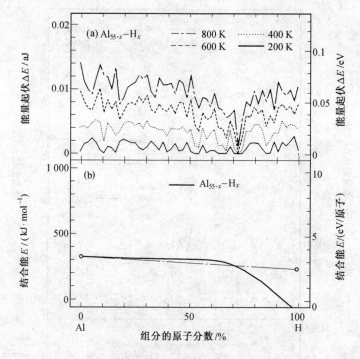

图4.9　Al－H二元体系中能量起伏随化学组分的变化

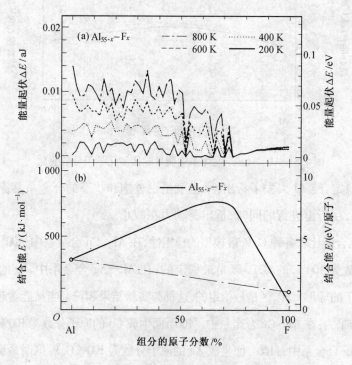

图4.10　Al－F二元体系中能量起伏随化学组分的变化

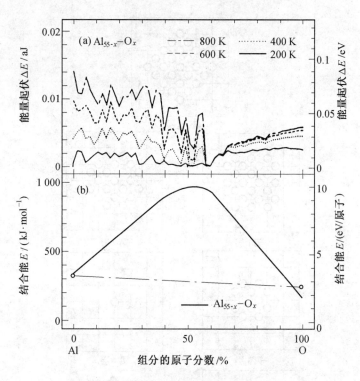

图 4.11　Al－O 二元体系中能量起伏随化学组分的变化

与过饱和固溶体相比是稳定的,但还不是最终的稳定状态,还存在着因平衡相的形成而更加稳定的反应。另外关于 Al－Cu 系,形成{100}面的 Cu 的原子分数为 100% G. P. 区,无论是用能量凝集还是用能量起伏来看,也只是个偶然的稳定,还不是最终的稳定状态,因平衡相的形成会变得更稳定。一般情况下,反应是由不稳定向稳定状态转化的,G. P. 区也会通过可能的方式向稳定的平衡相转化,此时对计算结果分析如下:Al－Cu 系形成板状的平衡相可能性比较大,而 Al－Ag 系中,从球状变成板状的可能性比较大。能量的高低(结合能的大小)和能量的起伏虽然能够共同作为稳定性的尺度,但它们并不表示相同的稳定性,物理意义也不相同,能量的高低是静态稳定性的尺度,而能量起伏是动态稳定性的尺度(容易发生反应)。总之结合能和能量起伏是捕捉物质稳定性的不同方法,结合能是塞满电子的占有轨道,而能量起伏是不塞满电子的非占有轨道。

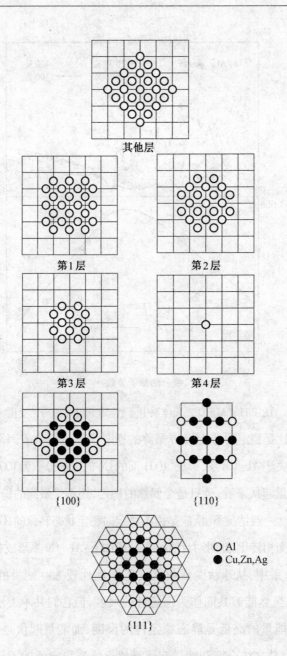

	原子的半径/nm	电子排列	价电子数
Al	0.142 9	[Ne]$3s^23p$	3
Cu	0.127 6	[Ar]$4s3d^{10}$	11
Zn	0.137 9	[Ar] $4s3d^{10}$	12
Ag	0.144 2	[Kr] $5s4d^{10}$	11

图 4.12　铝合金 G. P. 区的形成

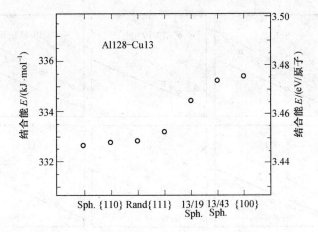

图 4.13 Al－Cu 合金系能量起伏随 G. P. 区形状、组分的变化

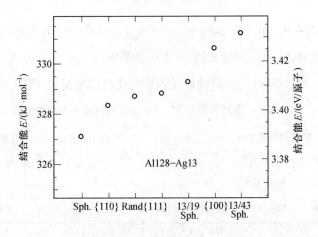

图 4.14 Al－Ag 合金系中能量起伏随 G. P. 区形状、组分的变化

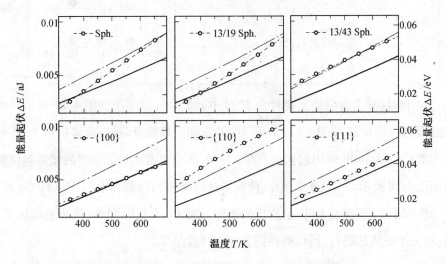

图 4.15 Al－Cu 合金系能量起伏随 G. P. 区的形状、组分的变化

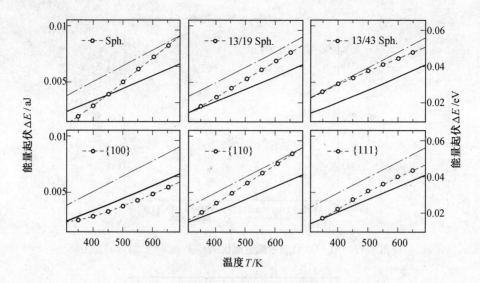

图 4.16　Al‐Ag 合金系能量起伏随 G.P. 区的形状、组分的变化

② 添加元素对 Al‐Cu 合金系的 G.P. 区的影响

添加元素对 Al‐Cu 合金的时效速度的影响实验结果见表 4.2。

表 4.2　添加元素对 Al‐Cu 合金的时效速度的影响

ⅠA	ⅡA	ⅢA	ⅣA	ⅤA	ⅥA	ⅦA	Ⅷ			ⅠB	ⅡB	ⅢB	ⅣB	ⅤB	ⅥB	ⅦB
Li ●	Be ●	○——减缓时效										B	C	N	O	F
Na △	Mg	△——影响不大										Al	Si △	P	S	Cl
		●——抑制 G.P. 区析出 — 促进时效														
K	Ca	Sc	Ti ○	V △	Cr	Mn ○	Fe ○	Co	Ni ○	Cu	Zn △	Ga △	Ge ●	As	Se	Br
Rb	Sr	Y	Zr	Nb	Mo ○	Tc	Ru	Rh	Pd	Ag △	Cd ●	In ●	Sn ●	Sb △	Te	I
Cs	Ba	La	Hf	Ta	W △	Re	Os	Ir	Pt	Au	Hg △	Tl △	Pb △	Bi △	Po	At

与之相对应的,有添加元素时 G.P. 区中的能量计算结果如图 4.17 所示。使时效速度减慢的白圈元素 Ti、Mn、Fe、Ni 和 Mo 的添加引起能量降低;而抑制 G.P. 区析出的黑圈元素 Ge、Cd、In 和 Sn 引起能量升高。G.P. 区中含有添加元素时的能量起伏的计算结果如图 4.18 所示。与表 4.2 相比,使时效速度减慢的白圈元素 Ti、Mn、Fe、Ni 和 Mo 使能量起伏减小了;而抑制 G.P. 区析出的黑圈元素 Ge、Cd、In 和 Sn 使能量起伏变大了,总之,用分子轨道法进行计算,能得到有效的计算结果。

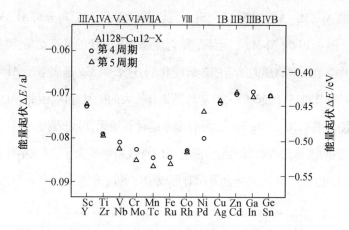

图 4.17　Al-Cu 合金系 G. P. 区中由添加元素引起的能量变化

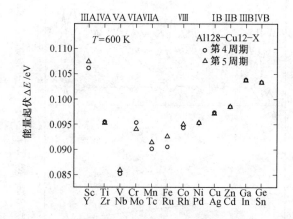

图 4.18　Al-Cu 合金系 G. P. 区中由添加元素引起的能量起伏

（2）Al-Mg-Si 合金的时效,析出性

Al-Mg-Si 合金在室温时具有时效性,因此制造工程中,如果在室温下放置一段时间,它就会发生时效硬化。在将这种合金用做车身材料时,往往为了加快汽车涂料干燥,而把它加热到175 ℃。这样,它就会发生室温时效和175 ℃ 人工时效的双重作用。如果发生了室温时效,175 ℃ 的时效强度就会降低。因此,要想让 Al-Mg-Si 合金成为汽车的车身材料,就有必要阻止室温时效。

在以前的研究中这样描述 Al-Mg-Si 合金的时效过程:过饱和固溶体 → cluster 形成(G. P. Ⅰ) → G. P. Ⅱ(β″) → β′ → β(平衡相)。但是,关于 cluster 的形成、结构和原子配置等还不是很清楚。所以在本书中用扩展的 Hückel 法分析关于初期的 cluster 形成的结构和原子配置与室温时效性及其相关添加元素的影响两个问题。

①Al-Mg、Al-Si 和 Mg-Si 二元合金系

先从基础的 Al－Mg、Al－Si 和 Mg－Si 二元合金系入手,然后再分析 Al－Mg－Si 三元合金的时效过程。图 4.19 为 Al-Mg 二元系的结合能和能量起伏的计算结果,可见结合能的组成变化是沿着两端单元素物质的结合能连线变化的,这表明 Mg 是固溶于 Al 中的。从能量起伏来看,固溶 Mg 比纯 Al 的起伏小,但是却是先有较大的能量起伏,因此,Al－Mg 二元合金系表现有时效性。图 4.20 为 Mg－Si 二元合金系的计算结果,可以看出,在 Mg 中加入 Si 后,结合能增加了,但两端单元素物质的结合能连成的直线斜率变大了,且固溶体的结合能在这条连线的下方,因此 Mg－Si 二元合金系没有形成稳定的固溶体。

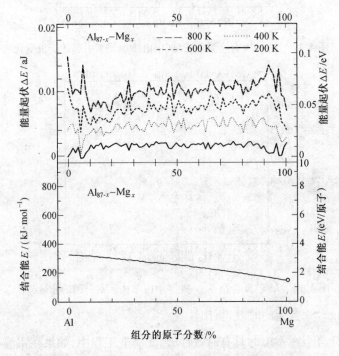

图 4.19　Al－Mg 二元合金系的结合能和能量起伏的组成变化

图 4.21 为以化合物 Mg_2Si 的结构计算出的结合能和能量起伏的组成变化,化合物组成的结合能在由两端单元素物质的结合能所连成的直线之上,能量起伏非常小,因而这类化合物比同成分的固溶体稳定。图 4.22 为 Al－Si 二元合金系的计算结果,与 Mg－Si 二元合金系相同,固溶体的结合能在两端单元素物质结合能所连成的直线的下方。因此,这时固溶体不能稳定地存在,因为能量起伏大,所以即使形成了固溶体,它也会在随后的时效中分解。图 4.23 为以 Al 为溶剂,向其加入 Mg 和 Si 时,Mg 和 Si 在 cluster 的中心和表面置换 Al 时的结合能的变化,可以看出,Mg 在 cluster 中心的某些地方稳定存在;Si 在 cluster 表面的某些地方稳定。

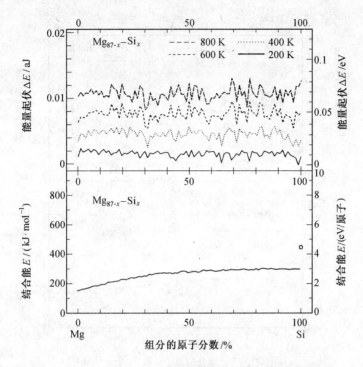

图 4.20　Mg-Si 二元合金系的结合能和能量起伏的组成变化

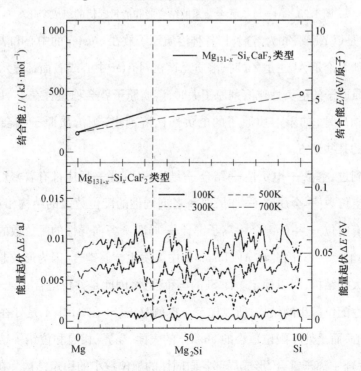

图 4.21　以化合物 Mg₂Si 的结构计算的结合能和能量起伏的组成变化

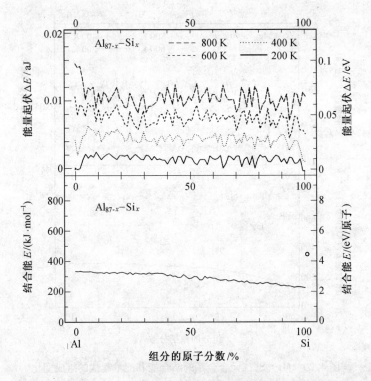

图 4.22 Al‒Si 二元合金系的结合能和能量起伏的组成变化

图 4.24 是以 Al 或 Zn 为溶剂,把各种溶质原子放在 cluster 的中心和表面时的稳定性比较。溶剂无论是 Al 还是 Zn 时,溶质元素在 cluster 中心或表面都显示了不同的稳定性。当溶质原子的电负性比溶剂原子大时,溶质原子就会稳定存在于 cluster 表面的某些地方。相反地,如果溶质原子的电负性比溶剂小,则溶质原子就会稳定存在于 cluster 中心的某些地方。

前面提到过,空位—电负性—结合—结构—性质—反应都有着密切的关系。小的电负性与空位数 — 金属键 — 非局部 + 各向同性的配位数大的结构相对应,而大的电负性与没有空位—共价键合 + 离子键合—局部 + 各向异性的配位数的微小结构相对应。Mg 的电负性小,因此在 Al cluster 的中心发生金属键合,因为形成非局部各向同性的配位数大的结构,所以稳定。而 Si 的电负性大,因此是共价键合 + 离子键合,形成局部各向异性配位数小的结构,所以稳定。也就是说,Si 在 Al 中不是处在配位数大的 cluster 的中心,而是处在配位数小的 cluster 的表面、晶界、相界和位错等结晶缺陷的地方,以共价键合 + 离子键合,形成局部各向同性的配位数小的稳定结构。在 Al‒Mg‒Si 三元合金系中,Mg 和 Si 从 Al 的基体中析出,以离子键强的 Mg_2Si 的形式存在。

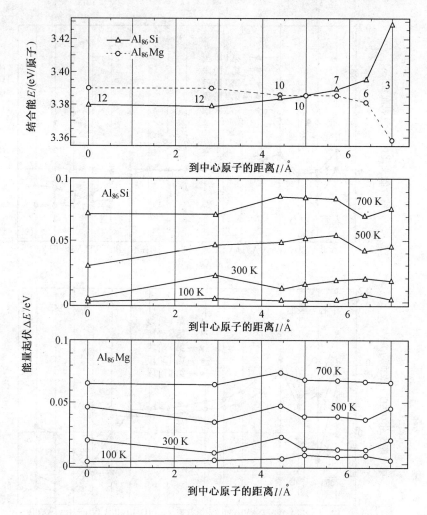

图 4.23 以 Al 为溶剂,向其加入 Mg 和 Si 置换 cluster 的中心和

表面 Al 时的结合能的变化(图中整数表示溶质原子周围的配位数)

②Al-Mg-Si 三元合金系

为了用扩展的 Hückel 法研究三元合金系时效初期的 cluster 形成的结构和原子配置,特做如下假设:

a. Al-Mg-Si 合金的过饱和固溶体,在时效时由于 Mg 和 Si 原子的再次结合而稳定,形成最终的平衡相(Mg_2Si)。Mg 和 Si 以 2 比 1 的比率存在,在时效的最初阶段,假定由于 Al 保持面心立方晶格原子的再分配,所以 Mg_2Si 稳定存在。

b. 为评价时效的方向和速度,根据第 1 章定理 9 计算结合能和能量起伏。

在 87 个 Al 原子的球形 cluster 中,用 2 个 Mg 和 1 个 Si 原子随机地置换 3 个 Al 原

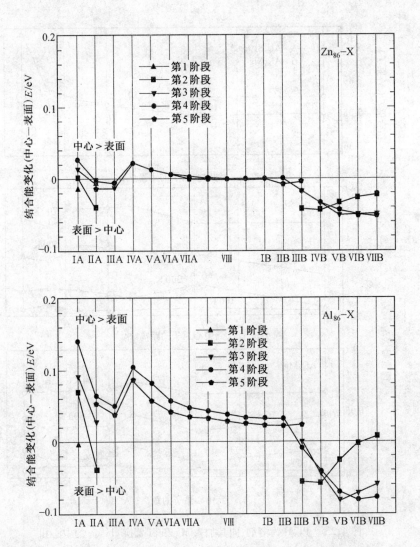

图 4.24　以 Al 或 Zn 为溶剂,把各种溶质原子放在 cluster 的中心和表面时的稳定性比较

子时的结合能计算结果如图 4.25 所示。可见结合能最大的是 1 个 Si 和 2 个 Mg 结合时 Mg 原子之间远离的情况。图中"%"数值表示在 cluster 原子排列中,最大结合能为 100% 时的百分比。

　　从计算结果来看,结合能变大是在 Si 和 2 个 Mg 结合时 2 个 Mg 间的距离尽量大的情况,如图 4.26 所示,1 个 Si 连接 2 个 Mg 原子的排列中,2 个 Mg 之间距离最大的一个原子排列最稳定。这种排列是在 {100} 面和 < 100 > 方向生成 Mg_2Si cluster。即使含有大量的 Si 和 Mg,Mg_2Si cluster 也是在 {100} 面和 < 100 > 方向上生长,如图 4.27 所示。首先,在 Al-Mg-Si 合金的过饱和固溶体中,强行被固溶进的 Mg 和 Si 原子在时效

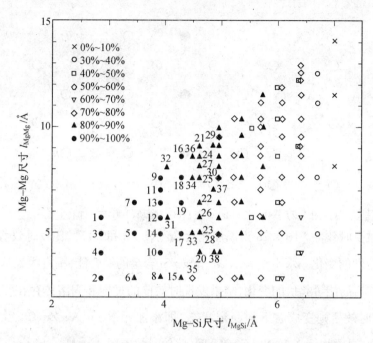

图 4.25　Al 中,Mg 和 Si 在各种配置下的结合能

过程中从基体中析出。Al、Mg、Si 三种原子按电负性度大小排列的顺序是 Si > Al > Mg。而电子与电负性的顺序正好相反,从 Mg 到 Al 再到 Si。因为 Mg 是 S^0 的电子配置倾向于稳定,Si 是 S^2P^6 的电子配置倾向于稳定,所以 Mg $\longrightarrow$ Mg^{+2} + 2e,2e + Si $\longrightarrow$ Si^{-4}:Mg$_2$Si 的反应形成化合物。因此,被排出的 Mg 和 Si 直接连接形成化合物的原子是最稳定的。

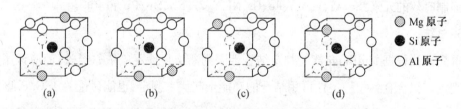

图 4.26　Al 中稳定的 Mg 和 Si 的分布

③ 添加元素对 Al - Mg - Si 合金室温时效的影响

不稳定的过饱和固溶体通过时效会发生稳定化。时效前,结合能小,能量起伏大,通过时效,会使结合能变大,能量起伏变小。因此在评价添加元素对时效速度的影响时,要做如下的假设:假设添加元素 X 时,分析时效前后结合能和能量起伏的变化,Al - Mg - Si 合金中与它同程度或比它变化多的话,添加元素增加时效性,如果比它变

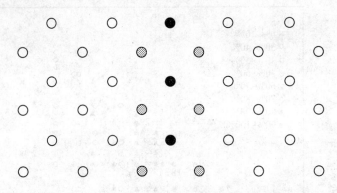

图 4.27　Mg$_2$Si cluster 在 {100} 面和 ⟨100⟩ 方向上生长

化少就会减少时效性。图 4.28 为添加元素 Cu、Ag、Zn 和 Cd 后,比较时效前后 Al‑Mg‑Si 合金稳定性的变化。水平线表示 Al‑Mg‑Si 合金的结合能,垂直线表示 Al‑Mg‑Si 合金时效前后的能量起伏的变化,结果发现时效前的过饱和固溶体存在于左上的不稳定状态,而时效后则变成右下的稳定状态,即添加元素 Cu、Ag、Zn、Cd 后促进了时效性。图 4.29 是添加元素 V、Nb、Cr、Mo 后,比较时效前后 Al‑Mg‑Si 合金稳定性的变化。前过饱和固溶体的状态和析出与 Mg$_2$Si‑X 时 cluster 原子配置状态稳定性差不多。因此时效没有使固溶体稳定化,即添加 V、Nb、Cr 和 Mo 元素后抑制了时效。总之,使过饱和固溶体稳定化的元素或使 Mg$_2$Si‑X cluster 的原子配置不稳定的添加元素均会抑制时效性。以此为基础,把固溶体的添加元素分成两类:

促进时效的元素:Li、Be、Mg、B、C、Cu、Zn、Ga、Ge、Ag、Cd 和 In。

抑制时效的元素:Sc、Ti、V、Mn、Fe、Cr、Ni、Y、Zr、Nb、Mo、Ru 和 Rh。

3. 总结

首先确认根据 Mulliken 数能判定结合性。判断结合性不应依靠经验,而应该用计算来判定。铝合金各相稳定性可用结合能和能量起伏来判定,也能讨论关于 G.P. 区的形状、方位和组成。原来只注重 G.P. 区的形状,如果溶质原子和溶剂原子的半径相差大,错配度大就会认为 G.P. 区是板状的。也就是根据原子半径相差的程度来分析 G.P. 区的形状,因为原子半径在某种程度反映原子间的结合。但是却没有很好地说明板状 G.P. 区的方位关系和区的组成。而以扩展的 Hückel 法计算的物理量为基础,不仅 G.P. 区的形状,而且 G.P. 区的方位关系和区的组成,甚至是 G.P. 区的稳定性都能很好地判断出来。关于添加元素对 G.P. 区的影响,历来都通过原子空孔洞的相互作用来说明,而本计算结果阐述了添加元素的存在对 G.P. 区的稳定性的影响。

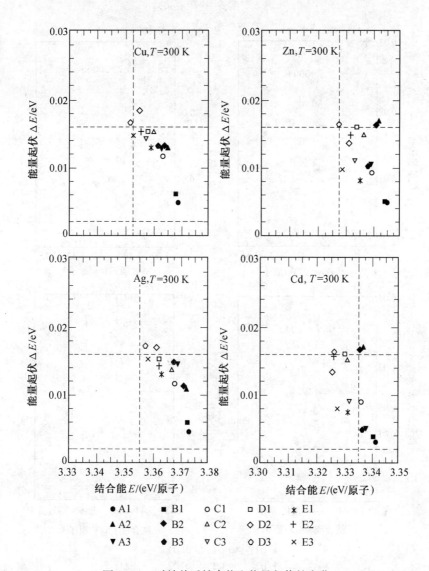

图 4.28 时效前后结合能和能量起伏的变化

固溶时合金元素的硬化能和结合性之间也存在一定的关系,结合性是共价键(周期表中短周期元素和 Ⅳ、Ⅴ、Ⅵ 族元素共价键大)或共价键 + 离子键时硬化能大;结合性是金属键、分子键(范德华键)时,硬化能就小。保持有硬化能的元素是 Cu、Mg、Zn、Si、Li 等在 Al 中固溶时,原子的结合数目比较大,原子数目也比较大(共价键 + 离子键),因此硬化能也大。即有硬化能的合金元素,就是在有金属键的合金上附加共价键和离子键。

扩展的 Hückel 法是分子轨道法的一种,把这种方法用于铝合金,会得到如下结果:

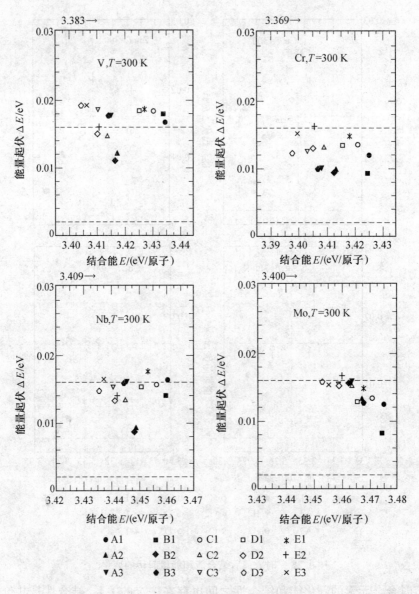

图 4.29　时效前后结合能和能量起伏的变化

注:结果表明时效 A1、A2、A3:实效后的状态,即｛100｝面〈100〉方向上配置 Mg

和 Si,在其周边配置添加元素(V、Nb、Cr、Mo)的情况。

D1、D2、D3、E1、E2、E3:实效前的状态,即在任意配置 Si 以及添加元素的情况

(1) 根据原子的结合数目和原子数目可以判定共价键合、金属键合、离子键合和分子键合等结合性。

(2) 能判定铝合金中合金元素的固溶性、不溶性和化合物形成性的倾向。

（3）关于铝合金的稳定化，可以得到以下结论：

① 在无限固溶体系中，能量起伏和结合能与其成分的关系呈现线性变化，但在化合物生成系中，在与化合物组成相当时，这两者有极值。

② 计算添加元素对 Al－Cu 二元合金系和 Al－Ag 二元合金系的 G.P. 区形状、方位和组成，特别是对 Al－Cu 二元合金系的影响时，都能得出与实验事实相符合的结果。即使是 Al－Mg－Si 三元合金系，也能得出同样的结果。

③ 结合能和能量起伏是评价物质稳定性的有效量，前者是静态的稳定性尺度，后者是动态的稳定性尺度。

4.3 铁合金论

1. 模型建立

采用以下 cluster 模型来讨论铁合金的固溶性、不溶性和化合物形成。首先，在面心立方晶格中，取从中心到第4近邻的原子，全部原子数为55个近似球形的 cluster。然后为了研究结合能及其组成的变化，计算将 Fe 原子一个接一个地由合金元素置换时的结合能，但是由于假设结构和晶格常数为 γ－Fe 的，因此合金元素及其组成一旦发生变化，则实际结构和晶格常数有变化，但作为第一近似，就成了忽略这些假想系的计算。对 Mulliken 数评价时，55 个 Fe 原子的球形 cluster 的中心原子只有一个被合金元素替换，采用此中心原子和第一近邻原子以及它们之间的数目进行计算。

2. 计算结果

（1）结合能

结合能的计算结果如图 4.30 所示。计算时以构成 cluster 的原子相互距离非常远的状态为基准（能量为0），用结合能表示形成 cluster 时的能量的减小量，为了使单元素物质结合能的计算值与实验值相符合，有必要进行一些修正。在右端用记号表示了合金元素单元素物质的结合能。为简单化，在图中省略了连接两端单元素物质的结合能的虚线，但我们可以假想出这样虚线的存在，如果结合能沿着假想的线变化，就说明合金的结合能由构成合金的单元素物质的结合能按组成平均地给出，用这些结合能的计算结果便可以判断其稳定性，即相对假想虚线幅度越大越往正方向偏移，就意味着 cluster 越是稳定的。例如 C、N、O、F 等，如图 4.30（n）、图 4.30（o）、图 4.30（p）和图

4.30(q)与假想的线有很大幅度的正向偏移,显示出很大的结合能,因此这些元素和Fe
之间能够形成稳定的化合物。有时结合能在图的右端会处在单元素物质以下,这是由
于合金元素及其组成变化实际上是由 γ-Fe引起的结构和晶格常数的变化引起的,但
这种情况不会影响计算结果,出现这种现象的大多是周期表右侧的元素,也就是越是非
金属元素这种倾向越显著。这是因为非金属元素的结构与 γ-Fe的区别很大。而在金
属元素中,虽然结构不同,但结合能变化不大。

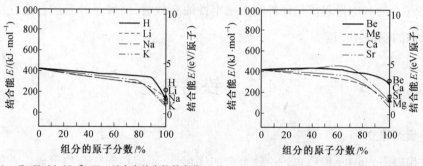

(a) γ-Fe-H,-Li,-Na和-K二元合金结合能的变化　(b) γ-Fe-Be,-Mg,-Ca和-Sr二元合金结合能的变化

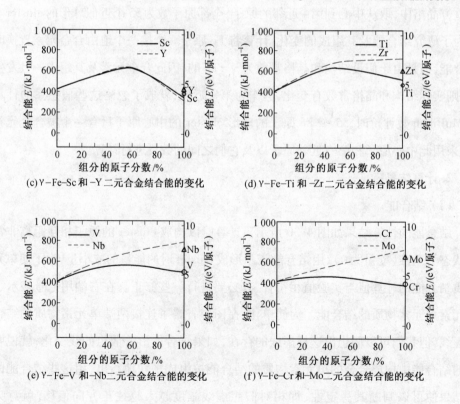

(c) γ-Fe-Sc和-Y二元合金结合能的变化　　　(d) γ-Fe-Ti和-Zr二元合金结合能的变化

(e) γ-Fe-V和-Nb二元合金结合能的变化　　　(f) γ-Fe-Cr和Mo二元合金结合能的变化

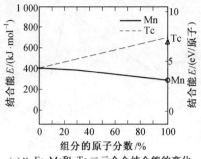

(g) γ-Fe-Mn和-Tc二元合金结合能的变化

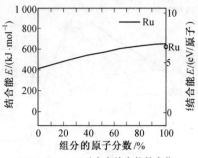

(h) γ-Fe-Ru二元合金结合能的变化

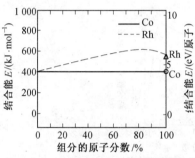

(i) γ-Fe-Co和-Rh二元合金结合能的变化

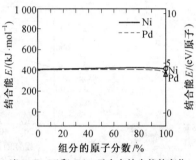

(j) γ-Fe-Ni和-Pd二元合金结合能的变化

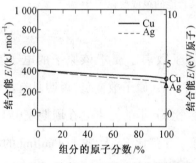

(k) γ-Fe-Cu和-Ag二元合金结合能的变化

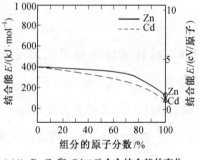

(l) γ-Fe-Zn和-Cd二元合金结合能的变化

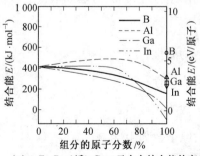

(m) γ-Fe-B,-Al和-Ga二元合金结合能的变化

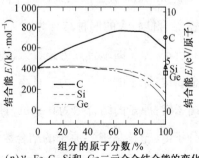

(n) γ-Fe-C,-Si和-Ge二元合金结合能的变化

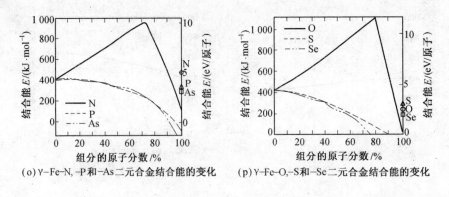

(o) γ-Fe-N,-P和-As二元合金结合能的变化　　(p) γ-Fe-O,-S和-Se二元合金结合能的变化

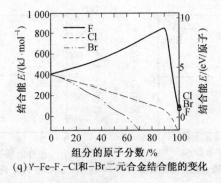

(q) γ-Fe-F,-Cl和-Br二元合金结合能的变化

图4.30　Fe-X二元素结合能的组成变化

（2）Mulliken 数

Mulliken 数计算结果如图 4.31 所示。原子数表示属于该原子的电子数。图 4.31（a）中显示了与孤立中性原子的电子数之差。Fe 原子数变负,说明具有良好的导电性,电荷有从中心移动到表面的倾向。原子数比 Fe 小的元素处在周期表中 Fe 前面的 ⅡB、ⅢB 族,除此之外,几乎所有的元素的原子数都比 Fe 大,这与 Pauling 的电负性大小正好相对应。根据原子的结合数大小来判断共价键的强弱。根据前面提到的结合能的大小和 Mulliken 数一起来判断原子间的局部结合性,判断方法如下:

首先,结合能较大的四种结合为:

① 共价键:原子的结合数为正且大,原子数为中性;

② 金属键:原子的结合数为正且小,原子数为中性;

③ 离子键:原子的结合数为 0 或负,且原子数为正或负;

④ 分子键（范德华键）:原子的结合数为 0,原子数为中性。

其次,反结合性:原子的结合数为负,原子数为中性。

最后,反结合性的结合能当然是负或者0,实际上如此理想化的结合不存在,而都是这些结合性的组合。例如图4.30(p)、4.30(q)中 γ - Fe 和 O、F 元素的结合能大;又如图4.31(a)和4.31(b)中原子的结合数为负,原子数为正且很大。因此,这些元素和Fe之间能产生离子键合。又从图4.30(a)中可以看出 γ - Fe 和元素 Li、Na 的结合能小;由图4.31(b)可以看出原子的结合数为负,所以有反结合性。由图4.31(a)和(b)可以看出 Si、Ge、Sn、Ga、As 和 Se 等元素的原子的结合数很大,原子数为中性,所以有共价键。其他元素的原子的结合数为正,原子数有正有负,所以同时存在共价键和离子键。利用这些计算结果可以进一步分析铁合金中各元素的固溶、不溶、化合物形成和强度等问题。

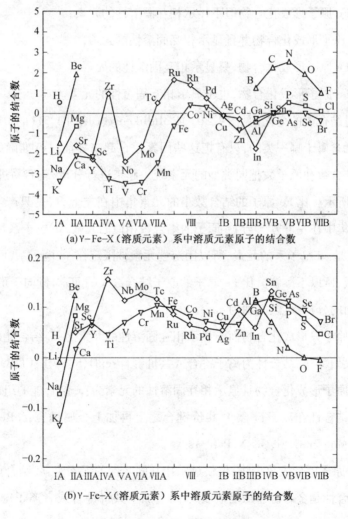

(a)γ−Fe−X（溶质元素）系中溶质元素原子的结合数

(b)γ−Fe−X（溶质元素）系中溶质元素原子的结合数

图4.31 Mulliken 数计算结果

（3）铁合金的固溶、不溶、化合物的形成性

铁合金的固溶、不溶、化合物形成性的实验结果情况如下：当 α-Fe 为溶剂时，能很好地溶解的元素有 V（100%）（以下均为原子分数）、Cr（100%）、Al（54%）、Rh（54%）、Be（33%）、Mo（24%）、Si（24%）和 Ge（18%）等，与 Na、K、Mg 和 Ca 等元素不溶；当 γ-Fe 为溶剂时，能很好地溶解的元素有 Mn（100%）、Co（100%）、Ni（100%）、Pd（100%）、Pt（100%）、Zn（42.2%）、Rh（33%）和 Cr（13.3%）；与 Fe 比较容易形成化合物的元素有 O、S、Se、F、Cl、Br、N、P、As、C、Si、Ge、B、Al、Ti、Zr、V、Nb、Cr、Mo 和 Pd 等。

以上述实验事实为基础，将这些元素可以分为四类：

① 只和 Fe 原子形成化合物但不显示相互固溶性的元素；

② 和 Fe 原子形成化合物并且显示相互固溶性的元素；

③ 不和 Fe 原子形成化合物，只显示相互固溶性的元素；

④ 不和 Fe 原子形成化合物，也不显示相互固溶性的元素。

仅仅通过结合能的变化（见图 4.30）或 Mulliken 数（见图 4.31（a））等单方面原因是不能判断元素属于哪一类的，只有把这些因素组合起来才能进行准确的判断。如果使用原子的结合数和原子数把同类型的元素统一起来进行分析，就容易进行分类了，结果如图 4.32 所示。比 Fe 原子的结合数小的元素集中在左上方，是只产生化合物的元素，不溶元素集中在左下方。与 Fe 原子的结合数相似的元素，sp 电子系和 sd 电子系的有所不同，Fe 是 sd 电子系的元素，所以固溶性元素被限定在 sd 电子系，而 sp 电子系的元素结合能低，所以不溶解。比 Fe 原子的原子结合数大的元素，倾向于形成化合物。

通过前面的分析，可以归纳为：

① 与 Fe 原子只形成化合物而不显示相互固溶性的元素为：a. 结合能的组成变化相对直线有很大偏移；b. 结合性为离子键合或共价键合；c. O、S、Se、F、Cl、Br 和 H 等。

② 与 Fe 原子形成化合物且显示相互固溶性的元素为：a. 结合能的组成变化只稍微偏离直线；b. 结合性在离子键合 + 共价键合之上再加上金属键合；c. Be、B、Al、Sc、Y、Ti、Zr、V、Nb、Mo、Zn、C、Si、Ge、N、P 和 As 等。

③ 与 Fe 原子不形成化合物，仅仅显示相互固溶性的元素为：a. 结合能的组成变化呈直线；b. 结合性是金属键合或者在此基础上加上共价键合或者离子键合；c. Cr、Mn、Tc、Ru、Co、Rh、Ni 和 Cu 等。

④ 既不与 Fe 形成化合物，也不显示相互固溶性的元素为：a. 结合能的组成变化偏

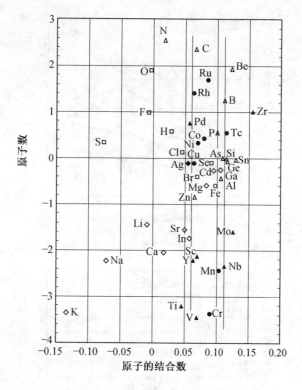

图 4.32　铁合金的固溶、不溶、化合物形成倾向

离直线;b.结合性为反结合性;c. Li、Na、K、Mg、Ca、Sr、Ag、Cd、Ga 和 In 等。

（4）铁合金的应用

① 铁合金的固溶体强度

首先,铁合金的固溶硬化现象如图4.33所示,在 α-Fe 中的元素按如下顺序表现出固溶硬化:

$$C、Be、Ti、W、Si、Mo、Mn、Ni、Al、V、Co、Cr$$

固溶时如果结合性为共价键或共价键 + 离子键时,合金元素的硬化能就大,而如果结合性为金属键或分子键结合性时,合金元素的硬化能就小。铁合金中硬化能大的溶质元素是非金属短周期元素 ⅣA ~ ⅥA 族和 ⅣB 族元素,这些元素的共同特点是形成共价键合的可能性大,与 Fe 原子的电负性相差大。因此,它的硬化能是由共价键和部分离子键引起的。

② 耐酸化性

图4.34、4.35是合金元素对耐酸化性影响的实验结果,表4.3、4.4是有代表性的合金组成。

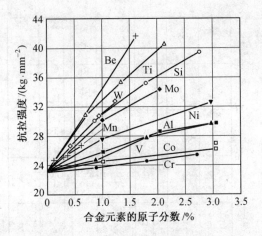

图 4.33　固溶元素对铁素体的抗拉强度的影响

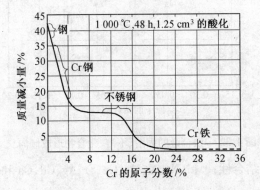

图 4.34　Cr 对耐酸化性影响

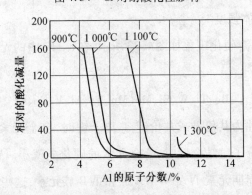

图 4.35　各种温度下 Al 对耐酸化性的影响（1 300 ℃ 时是 25 h,其他温度是 50 h）

　　从以上实验结果可以看出,对改善铁合金的耐酸化性起主要作用的合金元素是
Cr、Al 和 Si,这些元素形成酸化膜的结合性是共价键,所以显示出良好的耐腐蚀性。如
果酸化膜的结合性是离子键就没有耐腐蚀性。因此,表 4.5 所示的形成酸化物的倾向
大的元素中,除去离子键的酸化物,首选共价键强的 Cr、Al、Si 和 Ti 等元素。

表4.3　耐酸化性合金的化学组成(1)

AISI	钢种	相当 JIS	主要化学成分/%					最高使用温度/℃
			C	Si	Mn	Cr	N	
403	12Cr	SUS22	< 0.15	< 0.5	< 1.0	11.5 ~ 13.0	—	700
410	12Cr	SUS21,STC42F,STKS5	< 0.15	< 1.0	< 1.0	11.5 ~ 13.5	—	700
430	17Cr	SUS24,STKS6	< 0.12	< 1.0	< 1.0	14 ~ 18	—	840
442	21Cr	—	< 0.25	< 1.0	< 1.0	18 ~ 23	—	950
446	27Cr	—	< 0.35	< 1.0	< 1.0	23 ~ 27	< 0.25	1 090

表4.4　耐酸化性合金的化学组成(2)

钢种	主要化学成分/%					常温机械性能	
	C	Si	Mn	Ni	Cr	抗拉强度/MPa	延伸率/%
SCH1	0.2 ~ 0.4	1.5 ~ 3.0	< 1.0	< 1.0	12 ~ 15	> 500	—
SCH2	< 0.5	< 2.0	< 1.0	—	25 ~ 28	> 350	—
SCH11	0.1 ~ 0.3	< 2.0	< 1.0	4 ~ 6	24 ~ 28	> 600	—
SCH12	0.2 ~ 0.4	< 2.0	< 2.0	8 ~ 12	18 ~ 23	> 500	> 25
SCH13	0.2 ~ 0.5	< 2.0	< 2.0	11 ~ 14	24 ~ 28	> 500	> 15
SCH14	0.2 ~ 0.6	< 2.0	< 2.0	18 ~ 22	24 ~ 28	> 450	> 10
SCH15	0.35 ~ 0.75	< 2.5	< 2.0	33 ~ 37	13 ~ 17	> 400	> 4

表4.5　元素形成酸化物的倾向(颜色越浓表示越稳定)

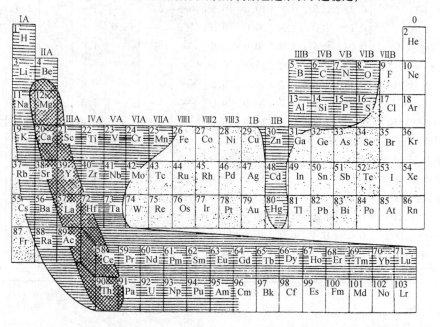

③ 超耐热钢

表4.6 为 A 级合金的化学组成。A 级合金使用的是锻造时经过加工硬化处理的超耐热钢,合金中加入了 18 – 8 不锈钢 W 和 Mo,其目的是增加耐腐蚀性和固溶硬化。

表4.7 为 B 级合金的化学组成。B 级合金以析出硬化为目的,使用热处理过的超耐热钢,不仅析出 Ti、Al 和 Ni 的金属间化合物,还会析出 Nb、W、Mo 和 Cr 等的碳化物。

表4.6　A 级合金的化学组成　%

合金	C	Si	Mn	Cr	Ni	Mo	W	Ti	Nb	N
19 – 9DL	0.3	0.7	0.6	19.0	9.0	1.3	1.2	0.2	0.4	—
Timken16 – 25 – 6	0.1	0.7	1.35	16.0	25.0	6.0	—	—	—	0.15
Timken16 – 15 – 6	0.07	0.7	7.5	16.0	15.0	6.0	—	—	—	0.33

表4.7　B 级合金的化学组成　%

合金	C	Si	Mn	Cr	Ni	Co	Mo	W	Ti	Al	Nb	Fe
A286	0.05	0.95	1.35	15.0	26.0	—	1.25	—	2.0	0.2	—	Bal.
镍铬钼钛钢 24	0.05	0.92	0.64	13.5	26.0	—	3.0	—	1.8	0.2	—	Bal.
镍铬铁 901	0.05	0.22	0.48	12.8	43.0	—	5.8	—	2.5	0.2	—	35
K42B	0.05	0.7	0.7	18.0	43.0	22.0	—	—	2.5	0.2	—	13
镍基耐热合金 26	0.05	0.7	0.7	18.0	37.0	20.0	3.0	—	2.8	0.2	—	18
N155	0.15	0.5	1.5	21.0	20.0	20.0	3.0	2.5	—	—	1.0	
G18B	0.4	1.0	0.8	13.0	13.0	10.0	2.0	2.5	—	—	3.0	
S816	0.38	0.7	1.5	20.0	20.0	43.0	4.0	4.0	—	—	4.0	3
G32	0.27	0.8		19.0	10.5	46.6	2.2	—	—	—	1.4	
L605	0.12	1.0	1.5	20.0	10.0	51.0	—	15.0	—	—	—	1
镍铬铁 T	0.04	0.4	1.0	20.0	33.0	—	—	—	1.0	—	—	7
铬镍铁	0.04	0.2	0.35	15.5	76.0	—	—	—	—	—	—	7
镍铬钛 75	0.12	0.6	0.4	20.0	76.0	—	—	—	0.4	0.06	—	2.4
镍铬钛 80A	0.05	0.5	0.7	20.0	76.0	—	—	—	2.3	1.0	—	0.5
铬镍铁 X550	0.04	0.4	0.7	15.0	73.0	—	—	—	2.4	0.9	0.9	7
耐蚀镍基合金 R235	0.15			15.5	Bal.	2.5	5.5	—	2.5	2.0	—	10
镍铬钛 90	0.08	0.4	0.5	20.0	58.0	16.0	—	—	2.3	1.4	—	0.5
镍铬钛 100	< 0.3			11.0	47.0	20.0	3.5	—	1.5	5.0	—	—
铬镍铁 700	0.10	1.0	2.0	15.0	46.0	29.0	3.0	—	2.0	3.0	—	—
Udimet 500	0.12	0.25	1.0	20.0	Bal.	10.0	4.0	—	3.0	2.75	—	—
高热镍基合金	0.05	0.4	0.7	19.0	57.0	13.5	7.0	—	2.5	1.2	—	—
M252	0.10	0.7	1.0	19.0	54.0	10.0	10.0	—	2.5	0.75	—	—
J—1570	0.20			20.0	30.0	39.0	—	6.5	4.1	—	—	—

表4.8为C级合金的化学组成。C级合金直接使用铸造出的超耐热钢。主要元素为Co,含Mo和W产生固溶强化,Ti、Al和B元素的加入会产生析出硬化。

表4.9为金属陶瓷的化学组成和性能。在需要更高的耐热性的情况下常使用超耐热硬质合金,可由金属和合金来烧结耐热性好的优秀金属陶瓷。

表4.10和表4.11中,不胀钢(Invar)以及镍铬恒弹性钢(埃林瓦尔Elinvar恒弹合金)型合金是热膨胀较少的合金。

表4.8　C级合金的化学组成　　　　　　　　　%

合金	C	Si	Mn	Cr	Ni	Co	Mo	W	Ti	Al	Fe	
H.S.21	0.25	0.6	0.6	27.0	3.0	62.0	5.0	—	—	—	1	
H.S.31	0.4	0.6	0.6	25.0	10.0	55.0	—	8.0	—	—	1	
Thetaloy			2.5	25.0	Bal.	12.5	3.0	7.0				
H.S.1049	0.4	0.8	0.8	26.0	10.0	Bal.	—	15.0			3	B0.4
GMR235	0.15	0.6	0.25	15.5	Bal.	—	5.25	—	2.0	3.0	10	B0.05
镍铬钛CB	0.08	0.4	0.5	20.0	58.0	16.0	—	—	2.3	1.4	0.5	
镍铬铁713	0.12			12.0	Bal.		4.0		0.5	5.5		Nb2.0

表4.9　　金属陶瓷的化学组成和性能　　　　　　%

种类	名称	组成(质量分数)/%	密度	硬度	断裂强度 /(kg·mm⁻²)	抗折力 /(kg·mm⁻²)	抗酸性 /(mg·cm⁻²)	耐冲击性
酸化物系	梅氏金属陶瓷 LT-1	$28Al_2O_3$, $72Cr$	5.9	—	—	55	1	普通
	—	$20TiO_2$, $80Si$	—	—	12(1 000 ℃)	—	4	
	NBS 4811C	$48BeO$, $2Al_2O_3$, $2ZrO_2$			13(980 ℃)	—		

续表4.9   %

种类	名称	组成(质量分数)/%	密度	硬度	断裂强度/(kg·mm⁻²)	抗折力/(kg·mm⁻²)	抗酸性/(mg·cm⁻²)	耐冲击性
	K162B	TiC + (Nb,Ta,Ti)C,30Ni-Mo			10.9(980 ℃)			
	K163B	TiC + (Nb,Ta,Ti)C,40Ni-Mo	6.28		8.4(980 ℃)			
	K164B	TiC + (Nb,Ta,Ti)C,50Ni-Mo	6.61	—	7.0(980 ℃)	—	—	良
	K173B	TiC + (Nb,Ta,Ti)C,40Ni-Mo-Al	6.25		11.9(980 ℃)			
	K174B	TiC + (Nb,Ta,Ti)C,50Ni-Mo-Al	6.55		9.8(980 ℃)			
	K175B	TiC + (Nb,Ta,Ti)C,60Ni-Mo-Al	6.85		7.7(980 ℃)			
		TiC Ni Co Cr Mo						
	WZ12a	75 15 5 5 —	6.0	1070HV	—	120 ~ 130(常温)	46(1 000 ℃)	
	WZ12b	60 24 8 8 —	6.25	960	12(1 000 ℃)	135 ~ 150(常温)	—	
	WZ12c	50 30 10 10 —	6.55	820	9.8(1 000 ℃)	160 ~ 180(常温)	15	
	WZ12d	35 39 13 13 —	6.95	600	7.7(1 000 ℃)	175 ~ 190(常温)	11	良
碳化物系	WZ1b	60 32 — 8 —	6.20	950		135 ~ 150(常温)		
	WZ1c	50 40 — 10 —	6.50	790		150 ~ 170(常温)		
	WZ1d	35 52 — 13 —	6.90	590		170 ~ 180(常温)		
	FS2	61.6 29.6 — 7.4 1.4	6.00	87.2Ra	9.8(980 ℃)	120(常温)	9.0(980 ℃)	
	FS8	61.6 22.2 7.4 7.4 1.4	6.06	87.5	9.1(980 ℃)	120(常温)	11.6(980 ℃)	
	FS12	33.6 39.0 13.0 13.0 1.4	6.95	79.0	6.5(980 ℃)	155(常温)	6(980 ℃)	良
	FS26	55.1 40.0 — 4.9 —	6.25	82.6	8.2(980 ℃)	130(常温)	31.5(980 ℃)	
	FS65	50.3 35.0 — 10.0 4.7	6.25	86.7	9.5(980 ℃)	105(常温)	6.1(980 ℃)	
	FS75	65.3 23.0 — 7.0 4.7	5.92	88.5	13(980 ℃)	110(常温)	—	
	TC63H	TiC,Ni-Cr 浸润	6.1	—	10	—	—	良
	耐热烧结合金	TiC,Cr₃C₂ + Ni	6.15	—	8	—	—	—
	Borolite 101	ZrB₂	5.3	88 ~ 91Ra	10	44(980 ℃)	6(1 000 ℃)	
硼化物系	Borolite 300	CrB₂	6.2 ~ 6.7	73 ~ 86	8 ~ 19	56 ~ 97(980 ℃)	2.5 ~ 3(1 000 ℃)	良
	Borolite 400	CrB₂	6.8 ~ 7.3	77 ~ 83	13	62 ~ 100(980 ℃)	10(1 000 ℃)	

续表4.9

%

种类	名称	组成(质量分数)/%	密度	硬度	断裂强度/(kg·mm⁻²)	抗折力/(kg·mm⁻²)	抗酸性/(mg·cm⁻²)	耐冲击性
金属间化合物系	Albis 5	MoSi$_2$	6.1	88Ra	20(1 000 ℃)	—	3(1 000 ℃)	不良
		NiAl	5.9	75	8.5(1 000 ℃)	100(980 ℃)	1 ~ 3 (1 000 ℃)	优秀
混合系	D1922	70 MoSi$_2$, 30Al$_2$O$_3$, CaO	5	—	—	—	0	—
	—	95 TiCr$_2$, 5Cr$_2$O$_3$	—	—	10(1 000 ℃)	—	8(1 000 ℃)	—
	ⅢB	55TiC, 18TiB$_2$, 27CoSi	5.3	—	19(1 000 ℃)	62(980 ℃)	10(1 000 ℃)	不良

表4.10 不胀钢(Invar)以及镍铬恒弹性钢(埃林瓦尔 Elinvar 恒弹合金)型合金的物理以及机械性质

合金	熔点/℃	磁性转变点/℃	密度/(g·cm⁻²)	线膨胀系数×10⁶	弹性系数/(kg·mm⁻²)	断弹性系数/(kg·mm⁻²)	弹性系数的温度系数×10⁵	最大许用应力/(kg·mm⁻²) 伸张	压缩	屈服强度/(kg·mm⁻²)	抗拉强度/(kg·mm⁻²)	弹性限	延伸率/%	硬度
不胀钢	1425	165	8.15	1 ~ 2 (0 ~ 40 ℃)	15 000	—	+ 58	—	—	28 ~ 42	46 ~ 60	14 ~ 21	30 ~ 45	HB160

续表 4.10

合金	熔点/℃	磁性转变点/℃	密度/(g·cm⁻²)	线膨胀系数×10⁶	弹性系数/(kg·mm⁻²)	断弹性系数/(kg·mm⁻²)	弹性系数的温度系数×10⁵	最大许用应力/(kg·mm⁻²)		屈服强度/(kg·mm⁻²)	抗拉强度/(kg·mm⁻²)	弹性限	延伸率/%	硬度
								伸张	压缩					
镍铬恒弹性钢	1420 ~ 1450	~ 100	—	8.0	—	8 000 ~ 8 500	− 0.3 ~ + 0.3	42	—	48	75	—	30	—
等弹性弹簧合金[15]	—	—	8.09	2.2	18 300	6 500	− 1.1 ~ + 0.8	28 ~ 42	64 ~ 70	-	120	—	—	HRC 30 ~ 36
埃尔吉洛伊非磁性合金[17, 18]	—	260 ~ 295	—	—	—	—	− 1.0 ~ + 0.5	—	—	—	146	130	11	—
	—	200	8.14	2.5	17 000 ~ 19 300	7000	− 0.6 ~ + 0.6	42	10 ~ 77	—	63 ~ 140	—	—	HRB 70 ~ HRC 44
	—	—	—	—	—	—	—	88	176	—	—	*	—	—
	—	90	—	—	—	—	> + 1.0	—	—	—	145	135	10	—
	—	—	—	7.7	—	7800	− 0.3 ~ + 0.3	—	—	90	—	—	13	—

表 4.11　不胀钢(Invar)以及镍铬恒弹性钢(埃林瓦尔 Elinvar 恒弹合金) 型实用合金的组成

	组成(质量分数)/%										
	C	Mn	Ni	Co	Cr	Be	Ti	Al	Si	W	Mo
镍铬恒弹性钢	0.8	1 ~ 2	36	—	12	—	—	—	1 ~ 2	1 ~ 3	—
等弹性弹簧合金[15]	—	—	35 ~ 37	—	7 ~ 7.6	—	—	—	—	—	0.35 ~ 0.70
镍铬恒弹性钢[17]	—	—	43	—	5	—	2.8	—	—	—	—
埃尔吉洛伊非磁性合金[17]	—	—	15	40	20	—	—	—	—	—	7
戴纳瓦恒弹性合金[17]	—	—	13	42	2	—	—	—	—	2.5	—

续表 4.11

	组成(质量分数)/%									
	C	Mn	Ni	Co	Cr	Be	Ti	Al	Si	W	Mo
尼瓦洛克斯合金[19]	—	+ 0.8	36	—	—	+ 1	—	—	+ 0.1	+ 8	—
	—	+ 0.8	36	—	—	+ 1	—	—	+ 0.1	—	+ 6
镍钼铁弹簧合金[20]	0 ~ 0.02	0.10 ~ 0.65	38 ~ 43	0 ~ 0.5	—	—	—	0 ~ 0.1	—	—	5 ~ 11
	0.3	2.2	34.8	1.2							15.7

添加什么样的合金元素来改善铁合金的耐热性,主要从高温下的稳定性方面来考虑。如果有空间、空穴、空位存在就会不稳定。因此为了提高稳定性,必须使它们都不存在,这样就有必要生成共价键、离子键的稳定相(化合物),而不是生成金属键的物质。从耐腐蚀性方面考虑还要避开离子键。表 4.12 所示的碳化物形成倾向强的元素中,选择了形成共价键碳化物的元素,W、Cr、Mo、Mn、B、Ti、Al 和 Nb 等。

3. 铁合金的总结

(1) 铁合金的合金元素不溶性、固溶性、化合物形成性倾向的判断方法为:

① 只和 Fe 原子形成化合物而不显示相互固溶性的元素是:(a) 结合能的组成变化相对直线有大的偏移;(b) 结合性为离子键合或者共价键合。

② 与 Fe 原子形成化合物并且显示相互固溶性的元素是:(a) 结合能的组成变化相对直线稍微有点偏离;(b) 结合性是在(离子键合 + 共价键合) 中加入金属键合。

③ 与 Fe 原子不形成化合物,只显示出相互固溶性的元素是:(a) 结合能的组成变化是直线;(b) 结合性是金属键合或者在其中加入共价键合或离子键合。

④ 既不与铁原子形成化合物也不显示相互固溶性的元素是:(a) 结合能的组成变化相对直线偏离;(b) 结合性是反结合性。

(2) 铁合金是元素以铁为溶剂并固溶于其中的合金,可分为利用相转变、析出和石墨化等反应的一类与不利用这些反应的另一类。通过这些反应形成的合金系,在反应前结合能小,能量起伏大,不稳定,而反应后结合能大,能量起伏小,则变得稳定了。包括有马氏体转变的铁合金;伴有 C、N 的析出的铁合金;伴有加了 Ti、Al、Ni 的金属间化合物的析出的铁合金(Fe-Ni-Cr-Co 系合金);伴有 Nb、W、Mo 和 Cr 的碳化物的析出的铁合金(Fe-Ni-Cr-Co 合金)。

表 4.12　元素的碳化物形成倾向(颜色越深表示越稳定)

（3）不利用相转变、析出、石墨化等反应的铁合金,可分为固溶体硬化型,加工硬化型,铸造合金型,耐腐蚀性合金型,耐热性合金型。

固溶体硬化型合金中溶质元素与溶剂的二元系中结合能大,能量起伏小。所谓的结合能大而能量起伏小的溶质元素,在结合性上说,就是把结合性从金属键转变成共价键和离子键的元素。结合性里共价键和离子键增加则强度增加。例如:如果元素是被添加进 α-Fe 中,固溶体硬化程度按如下顺序变化:

$$C、Be、Ti、W、Si、Mo、Mn、Ni、Al、V、Co、Cr$$

加工硬化型合金二元系中结合能稍微有点大，且能量起伏小。溶质元素的电负性比溶剂 Fe 要小。加工时产生缺陷，电子会从溶质流向缺陷，则发生稳定化。例如向 18 − 8 不锈钢里添加 W、Mo 和 Mn 元素。

铸造合金型含有共价键强的元素 C,Si 等。以含有共价键强的元素为中心，进行分子化和 cluster 化，熔点降低，流动性增加，气体吸附性减少，从而铸造性得到改善。例如 Fe − C、Fe − Si。

耐腐蚀性合金型是带有保护膜（氧化物中共价键强的物质）或在室温下能量起伏小的合金系。例如不锈钢，添加 Cr、Al、Si 等的合金。

耐热性合金型是添加共价键强的元素（Cr、Mo、W、B、Ti 和 Al 等）生成的高温下稳定的化合物，能量起伏小。例如 Fe-Cr。

4.4   镁合金论

1. 模型建立

采用如下的 cluster 模型计算结合能和能量起伏。首先，为减少表面原子的影响而增加了计算机计算极限上可能的原子数，且使用了近乎球形的 cluster。也就是说，在 Mg 的六方格子里，从中心原子到第 9 近邻原子的全部原子数为 87，实际上用于计算的晶格构造以及晶格常数是接近室温时的构造和常数。其次，为了考察合金元素及由其组成引起的结合能的变化，把溶质原子随机地一个个用合金元素置换以后进行计算。但是由于假设构造和晶格常数是纯溶剂的构造晶格常数，因此，如果合金元素及其组成发生变化，则构造与晶格常数也变化了，但是作为第一近似，可以忽略这些进行假想系的计算。

2. 计算结果

（1）Mg 合金的固溶、不溶、化合物的形成

为了讨论合金元素对 Mg 合金的各种性质的影响，首先要知道各合金元素的固溶、不溶和化合物的形成情况。可使用结合能和 Mulliken 数来判断元素的固溶、不溶和化合物形成。与 Mg 很好固溶的元素 Cd（原子数分数为 100%）、In（原子数分数为 19%）、Li（原子数分数为 17%）、Al（原子数分数为 12%）、Ag（原子数分数为 4%）和 Zn（原子数分数为 3%）的结合能的计算结果如图 4.36(a)所示，这些固溶型元素的特征就是结

合能对应着组成呈直线变化。而与 Mg 不溶的元素的特征如图4.36(b)所示,其结合能对应着组成相对直线有较大的变化。化合物形成型的元素如图 4.36(c)所示,在化合物组成之处正好显示出最大的结合能。

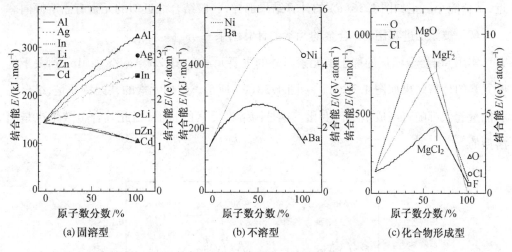

(a)固溶型　　　　　(b)不溶型　　　　　(c)化合物形成型

图 4.36　结合能 E 的变化

图 4.37 是利用 Mulliken 数对元素的固溶、不溶和化合物形成行为的总结。同一个图里的横轴是原子的结合数,纵轴是原子数。固溶于 Mg 的元素,与 Mg 原子有着相近似的原子数和原子的结合数,因此分布于 Mg 原子的附近(图中的圆里面)。远离 Mg 原子的元素(图中的圆外面),如 Ba、Na、K、Mo 和 W 等是不溶的。即使是在圆里面,离 Mg 原子远的元素形成化合物的倾向就会增加。椭圆里的元素原子的结合数越小,原子数

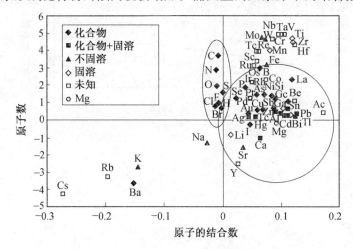

图 4.37　以 Mulliken 的 population 为基础进行的溶质原子的分类

越大,因此显示出有很大的形成离子键化合物的倾向。由于 Mg 是 sp 电子系的典型元素,所以 sp 电子系元素与其能很好地固溶,sd 电子系(迁移)元素一般不溶。Mn 虽然是 sd 电子系(迁移)元素,但却是这个倾向里的例外。Mn 在过渡金属中例外地与 Mg 接近,结合能小。正如图 4.36(a)的计算结果那样,一般结合能近似的元素有固溶倾向。

(2)被添加进实用 Mg 合金的元素的计算结果

实用 Mg 合金添加的稀土类元素以外的主要元素有 Al、Zn、Ag、Zr 和 Mn 等,关于这些元素的计算结果如图 4.38(a)～图 4.38(e)所示。这些元素的共同特征是,结合能和能量起伏都随着组成呈单调变化。这是固溶型元素的特征,因此其合金效果也是固溶型的。

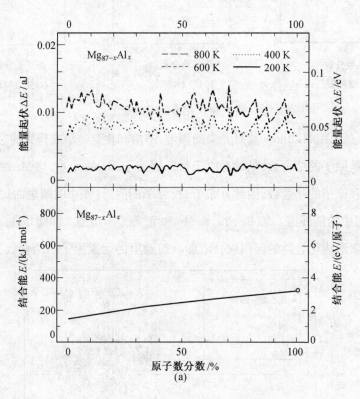

(a)

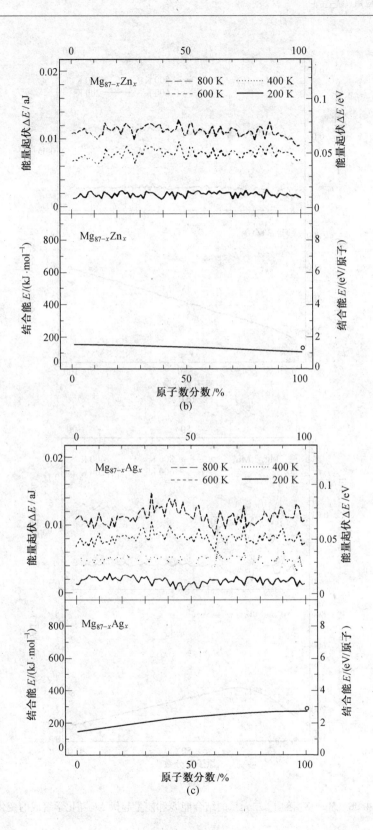

(b)

(c)

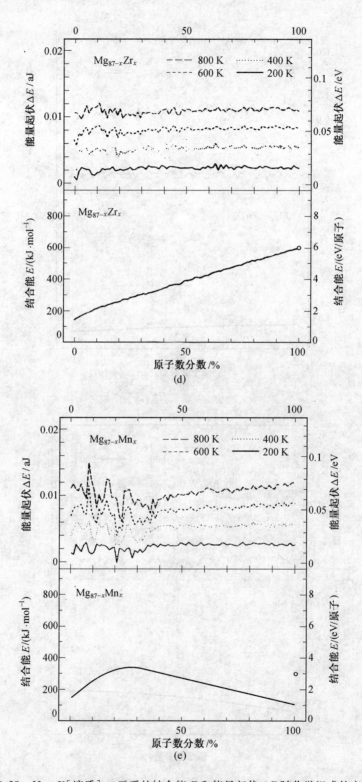

图 4. 38　Mg - X[溶质] 二元系的结合能 E 和能量起伏 ΔE 随化学组成的变化

被加进实用Mg合金里的主要稀土类元素Y、La、Ce、Pr、Nd、Pm和Sm的计算结果如图4.39(a) ~ 图4.39(g) 所示。这些计算结果与图4.38 的明显不同。首先,虽然 Y

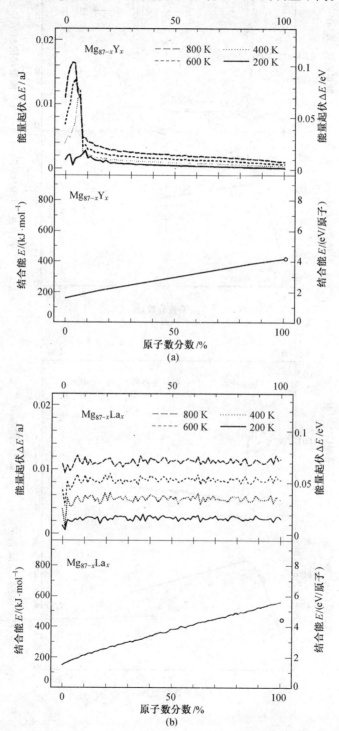

(a)

(b)

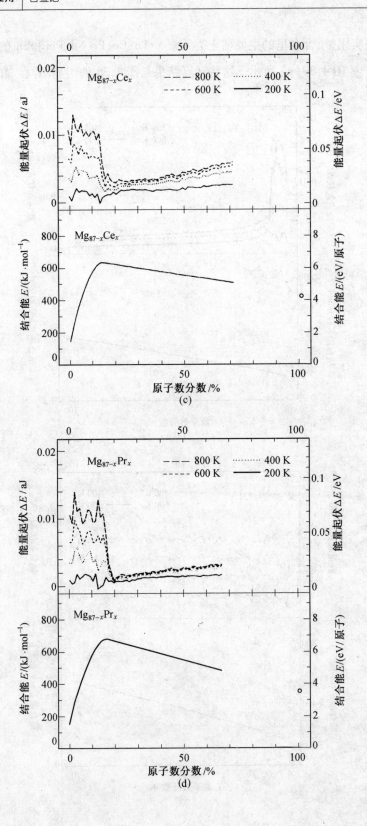

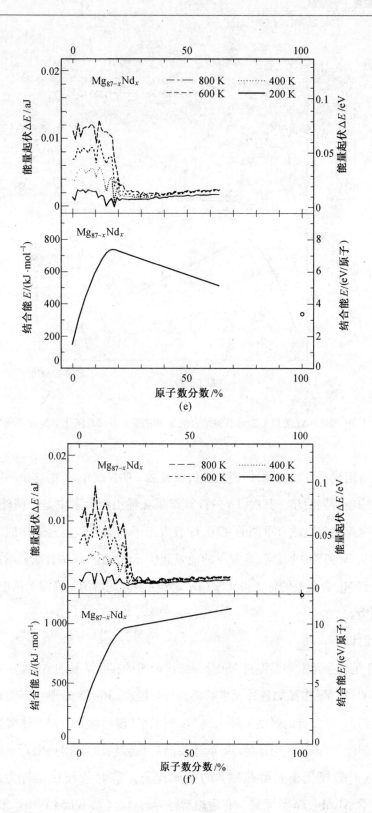

(e)

(f)

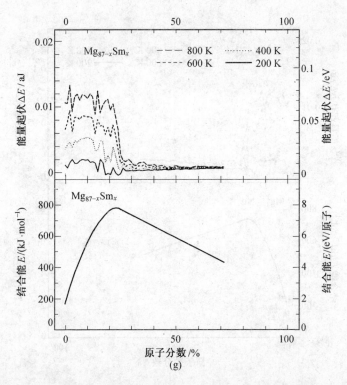

图 4.39   Mg-X[溶质] 二元系的结合能 E 和能量起伏 ΔE 随化学组成的变化

的结合能随着组成呈直线变化,但能量起伏在高温下明显变小,Y 的这个结果即使是在稀土类元素中也特别明显。其次,La 的计算结果在稀土类元素中是个例外,它的结合能和能量起伏都随着组成有单调的变化,即表现出了和固溶型元素一样的变化趋势。而通过添加从 Ce 到 Sm 的元素,高温下的能量起伏显著变小,且结合能显示出极大值。这表明添加到 Mg 合金里的稀土类元素(La 除外) 显著地增加了高温下的电子稳定性,提高了耐热性。

3. 实验验证

图 4.40 是合金元素和温度对 Mg 合金强度影响的实验结果的总结。

结果表明:向 Mg 中添加各种元素后再进行热处理(T6、T5 处理),室温强度提高。如果提高材料的温度,有的强度下降至纯 Mg 的水平(以后称为时效硬化型),也有的随着温度变化强度下降不大,但比纯 Mg 的还要高一些(以后称为耐热型),一般都表现出这两个极端(时效硬化型和耐热型) 的中间现象。有时效硬化型行为的合金(如 AZ92A-T6) 含 Al、Mn、Zn 等元素。有耐热型行为的合金(如 WE54A-T6) 含稀土类、Y、

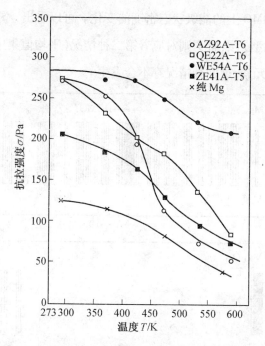

图 4.40　温度对实用 Mg 合金的拉伸强度的影响

AZ92A: $w(Mg) = 9\%$, $w(Al) = 0.10\%$, $w(Mn) = 2.0\%$, Zn 合金;

QE22A: $w(Mg) = 2.2\%$, $w(Al) = 2.5\%$, $w(Ag) = 0.7\%$, Zr 合金;

WE54A: $w(Mg) = 3.5\%$, $w(Al) = 5.25\%$, $w(Ag) = 0.5\%$, Zr 合金;

ZE41A: $w(Mg) = 1.2\%$, $w(Al) = 4.2\%$, $w(Ag) = 0.7\%$, Zr 合金。

Zr 等元素。有中间行为的合金(如 QE22A-T6,ZE41A-T5)含稀土类、Ag、Zr、Zn 等元素。并且含有 Y、稀土类元素越多则越是倾向于产生耐热型的行为。根据这些实验事实和计算结果可以判定元素是属于时效硬化型还是属于耐热型。通常属于时效硬化型的元素有 Al、Zn、Ag、Zr 和 Mn,属于耐热型的元素有 Y、Ce、Pr、Nd、Pm 和 Sm。

前面根据扩展的 Hückel 法的 cluster 计算了结合能、能量起伏和原子数等,讨论了向 Mg 中添加各种元素的效果,下面继续分析这个问题。首先,由于添加元素导致能量起伏有了变化,从能量起伏的定义出发,可以考虑如下两种情况:第一,电子最密集的能量最高的轨道(HOMO)与电子最稀疏的能量最低的轨道(LUMO)之间的间隙很大的情况。如果 HOMO 和 LUMO 之间的间隙很大,随着温度上升电子向更高的能级移动的概率相应地就会变小,则能量起伏变小。第二,能级分布集中于其平均值的情况,此情况也使能量起伏变小。其平均值由于指数关系的温度因子而变得近接于 HOMO。图 4.41 为纯 Mg 和向其中添加 Zn、O 和 Y 的情况下能级的变化。图4.42 是利用图4.41 的计算结果绘出的 HOMO 上的能级状态密度的变化。可以看出,添加 O 对应着上述的第一种情况(能量间隙型),添加 Y 则对应着第二种情况(平均值集中型)。如果添加能很好固溶于 Mg 的 Zn 元素,这两种情况都不会发生。

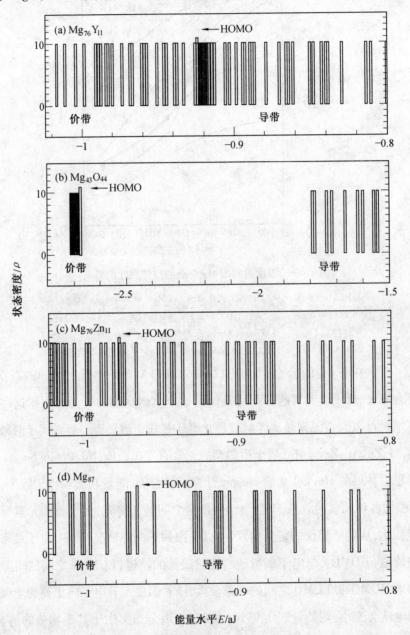

图 4.41　纯 Mg 和向其中添加 Zn、O 和 Y 的情况下的能级的变化

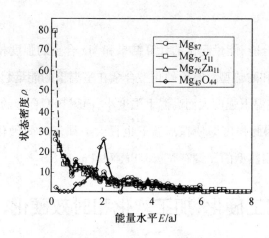

图 4.42 由添加 Y(a)、O(b) 和 Zn(c) 引起的纯 Mg 的状态密度的变化

其次,再分析一下 cluster 计算时遇到的一些问题。例如,要清楚表面准位(cluster 模型表面原子占据的表面能量水平)是在最高被占准位附近生成,另外,被占准位数取决于占有规定级数的原子轨道的数(本次计算中,典型元素使用 s、p 轨道,迁移元素使用 s、p、d 轨道,稀土类元素使用 s、p、d、f 轨道)。强度和 bulk 的电子性质之间存在着对应关系,不再用位错的滑移等来分析强度问题,而是认为强度、位错的滑移性和 bulk 的电子性质这三者之间有着密切的关系。

最后,在计算作为稳定性判据的能量起伏时,如果考虑到对象是电子,应该利用费密子分布。利用吉布斯分布和用费密子分布来进行的计算结果只有在接近绝对零度时的极低温下才有差别,而在高温情况下数值上几乎没有差别。所以忽略了对象是费密子还是玻色子,而使用了吉布斯分布。

4. 总结

利用分子轨道法中的一种"扩展的 Hückel 法",计算了 cluster 模型的结合能、能量起伏、Mulliken 数等,利用这些物理量,就可以分析合金元素对 Mg 合金强度的影响。结果如下:

(1) 利用结合能、Mulliken 数可以讨论 Mg 合金的合金元素固溶、不溶和化合物形成等现象。固溶型合金其结合能随着组成呈直线变化,不溶型合金则相对直线有大的偏离。化合物形成型合金则刚好在形成化合物的组分上显示极大值。从 Mulliken 数角度出发,发现固溶型元素的原子数和原子的结合数与作为溶剂的 Mg 的近似,不溶型的则有较大偏离。如果原子的结合数变小而原子数变大,就会趋向于形成离子键的化合物。

（2）通过将结合能、能量起伏的计算结果和 Mg 合金的强度相对应，可以将合金效果分为时效硬化型和耐热型。时效硬化型合金在室温下的能量起伏小而在高温下的能量起伏大。因此，室温下强度大而高温下强度小，而耐热型合金的能量起伏在室温下和在高温下都很小，因此强度即使在高温下也很大。属于时效硬化型的元素有 Al、Zn、Ag、Zr 和 Mn，属于耐热型的元素有 Y、Ce、Pr、Nd、Pm 和 Sm。

4.5 加工硬化、加工软化和时效硬化、时效软化

金属经过加工或时效时会变硬，但在某些情况下也会发生加工软化和时效软化现象。

4.5.1 加工软化的实验事实

1. 纯 Al 的加工软化

纯 Al 的加工软化实验结果如图 4.43 所示，可见，Al 的质量分数在 99.99% 以下时不产生加工软化，但在 99.99% 以上开始产生加工软化。所以极其微量的不纯物便能对加工硬化和加工软化现象产生决定性的影响。

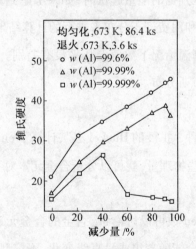

图 4.43 Al 的纯度对其硬度的影响

2. Al－Fe 二元合金系中的加工软化

Al－Fe 二元合金系中，加工软化只在某些特殊条件下才能发生。首先，要想在 Al－

Fe二元合金系中引起加工软化就必须进行预处理。如图4.44所示,如果不进行预处理退火,便不能产生加工软化。但若退火温度过高(873 K),也不会产生加工软化。因此,要想产生加工软化就必须进行适当温度(673 K)的退火预处理。其次,从图4.45可知,当 Al-Fe 二元系合金中 Fe 的质量分数在0.5% ~ 1.7% 范围内时才会发生加工软化现象。因为当 Fe 的质量分数更加微量时会发生加工硬化,所以向纯 Al 中添加极微量 Fe,再进一步添加大量的引起加工硬化的 Fe,反而会引起加工软化。而且比较重要的一点是即使退火温度很适当,Fe 的质量分数也很适当,但若不进行热轧也不会发生加工软化,如图 4.46 所示。

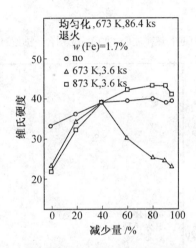

图 4.44　预处理对 Al(w = 1.7%) 合金硬度变化的影响

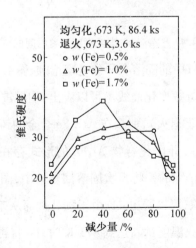

图 4.45　Fe 的质量分数对硬度变化的影响

图4.47 为加工软化发生的时间,可见从开始加工到加工后100 000 s 在室温下都会

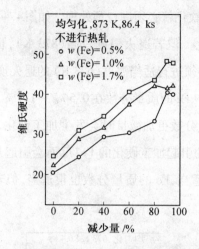

图4.46　不进行热轧时 Fe 的质量分数对合金硬度变化的影响

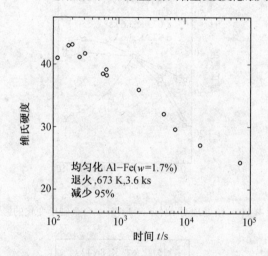

图4.47　室温下,维氏硬度随着时间的变化

发生加工软化。不纯物在 Al 中的固溶会导致电阻增加,图4.48 是加工软化发生的条件下固溶于基体中的 Fe 质量分数变化曲线。可以看出:如果进行预处理(673 K 下均匀化退火,673 K 下热轧,673 K 下退火),那么在 Al-Fe 合金的铸态基体中固溶着的铁将会由于析出而被从基体中排除,并以化合物 Al₃Fe 的形式存在,如果退火温度过高达到 873 K 时,从基体中一度被排除的铁将再次固溶回基体中,图4.49 和图 4.50 为通过透射电子显微镜观察到的组织,可以看出:① 由于预处理而从基体中被排除的 Fe 确实以 Al₃Fe 的形式存在着;② 退火温度过高达到 873 K 时,Fe 将再次固溶回基体中,化合物 Al₃Fe 将不再存在。

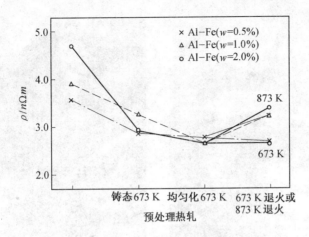

图 4.48 预备处理中的固溶 Fe 的质量分数的变化

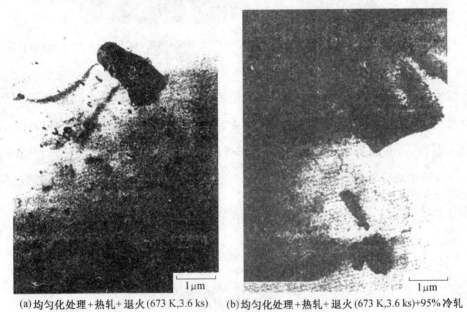

(a)均匀化处理+热轧+退火(673 K,3.6 ks)   (b)均匀化处理+热轧+退火(673 K,3.6 ks)+95%冷轧

图 4.49 Al−Fe(w = 2.0%) 的透射电子显微照片

可以认为在发生加工软化时,添加的 Fe 几乎全以 Al_3Fe 化合物的形式存在,不固溶。也就是说,添加的 Fe 固溶于基体中时,不发生加工软化。而为了促使加工软化发生,有必要使添加的 Fe 成为 Al_3Fe 而析出。如果预处理温度过高,则不发生加工软化而发生加工硬化,这主要是因为添加的 Fe 没有形成化合物 Al_3Fe 析出,而是固溶于基体中。

(a)均匀化处理+热轧+退火(873 K,3.6 ks)　　(b)均匀化处理+热轧+退火(873 K,3.6 ks)+95%冷轧

图4.50　Al-Fe(w = 2.0%)的透射电子显微照片

　　发生加工软化试样中的组织不是加工组织,而是回复再结晶产生的组织,这是因为预处理使再结晶温度降到了室温以下。图4.51为Al-Fe(w=2.0%)合金以及纯Al的再结晶温度。可以看出,无论是 Al - Fe(w = 2.0%)还是纯 Al(w = 99.6% 和 w = 99.999%),冷轧后发生软化的试样与不发生软化的试样相比,前者的再结晶温度都下降了大约250 K。

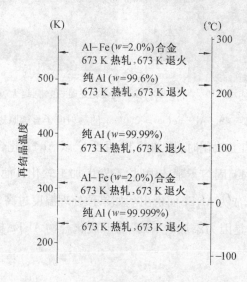

图4.51　再结晶温度与合金纯度和预处理之间的关系

3. Al-Zn 二元系的加工软化现象

在众多合金系中，Al-Zn 二元系合金的加工软化的效果最显著。与 Al-Fe 二元合金相比，Al-Zn 二元系合金发生加工软化所需要的条件简单些。熔炼各种组成的 Al-Zn 二元系，并将其在室温下单纯压延时的硬度变化情况如图 4.52 和图 4.53 所示。无论加工前的预备处理如何，只要在 Al 里加入少量 Zn 所制成的合金都会发生加工硬化，而在 Zn 里加入少量的 Al 而成的合金则会发生加工软化。但要注意，高纯度的 Al 会发生加工软化，富 Zn 的铝合金则会发生加工硬化——即纯 Al 是加工软化的，然而一旦加入少量的 Zn，就开始变成加工硬化型的。

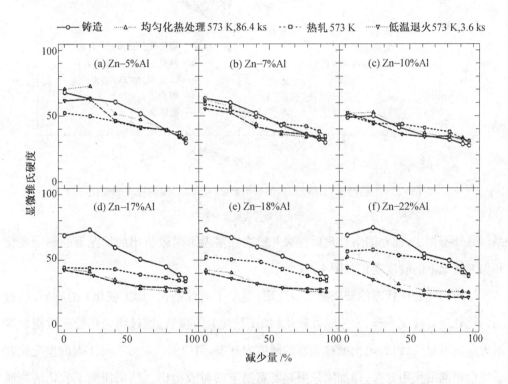

图 4.52　进行不同预备处理后的富 Zn 合金冷加工后显微硬度的变化

注：图中分数均为质量分数。

图 4.54 是 Zn-Al 合金加工后在室温时效过程中的显微硬度变化，可以看出，在加工后到时效大约 10^7 s 之内一直在发生着软化。图 4.55 是 Zn-Al 合金室温时效过程中的电阻变化，电阻在时效过程中减少，这意味着溶入 Zn 中的过饱和的 Al 在不断地析出。

可见，加工软化和时效析出（过饱和地固溶着的溶质原子析出）有非常密切的关

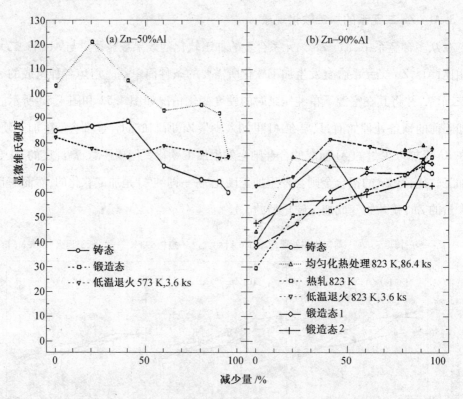

图 4.53　进行不同预处理后的富铝合金冷加工后显微硬度的变化

注:图中分数均为质量分数。

系。另外不加工,而是固溶处理后淬火并使之在室温下时效析出的情况下的硬度变化和加工情况下的硬度变化如图 4.56 所示。

与均匀化处理状态的硬度相比较发现,发生了时效硬化(加工硬化)的物质,通过均匀化处理后硬度下降,发生时效软化(加工软化)的物质,通过均匀化处理后则硬度增大。也就是说,以均匀化处理状态的硬度为基准,可以看出时效和加工对硬度变化起了完全相同的作用效果,即加工只引起了室温下的时效析出。结果使加工软化的物质时效软化,而加工硬化的物质时效硬化,两者在本质上是同一个现象,加工仅仅是极度地促进了时效。所谓加工软化,就是通过加工而使之促进的时效软化。对于电阻变化来说,通过时效和加工可以获得完全相同的作用效果,如图 4.57 所示。

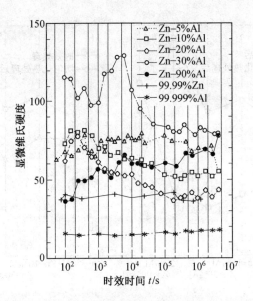

图4.54　Zn－Al合金的显微硬度在室温时效过程中的变化

注:图中分数均为质量分数。

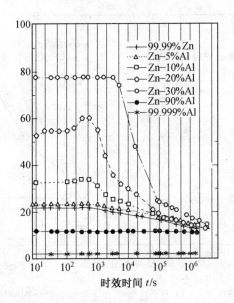

图4.55　Zn－Al合金在室温时效过程中的电阻变化

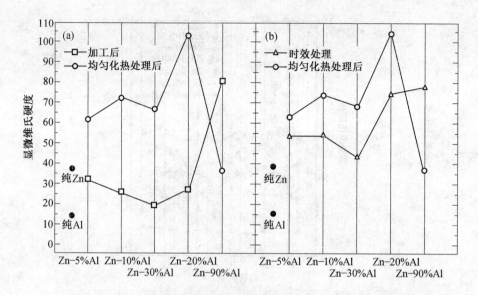

图 4.56 Zn - Al 合金冷加工和室温时效后显微硬度变化的比较

注:此图中分数均指质量分数。

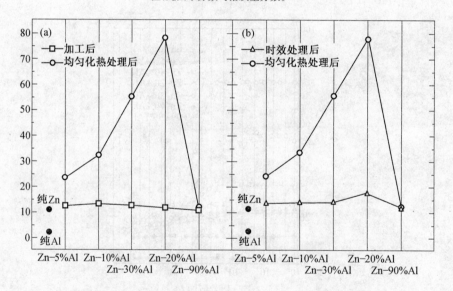

图 4.57 Zn - Al 合金冷加工和室温时效后电阻变化的比较

注:此图中分数均指质量分数。

4.5.2 加工硬化,加工软化行为的理论分析

通过结合能的计算可以判断变化的方向,即变化发生于结合能增大的方向。另一方面,从能量的起伏计算可以知道变化的速度。当能量起伏大的时候,对应着的状态的寿命就短;而当能量起伏小的时候,变化则处于更加稳定的状态,所以加工软化理应对应着大的能量起伏,加工硬化理应对应着小的能量起伏。Al－Fe 二元合金系结合能和能量起伏的计算结果如图 4.58 所示。可见结合能随着成分呈现单调的变化,而能量起伏的变化稍微复杂一些。

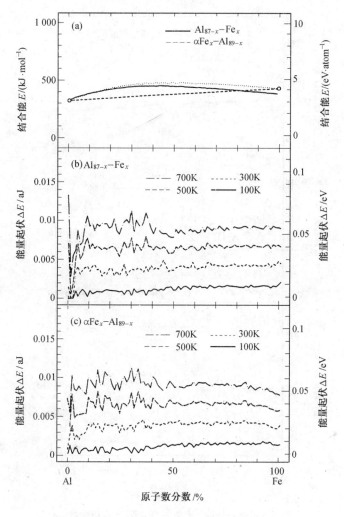

图 4.58　Al－Fe 系的结合能和能量起伏

Al_{87-x}－Fe_x 表示面心立方构造的 Al 原子被 Fe 原子随机地置换;

αFe_x－Al_{89-x} 表示体心立方构造的 Fe 原子被 Al 原子随机地置换。

Fe 的质量分数为 0 的时候,能量起伏就大,这和纯 Al 的加工软化现象相当。在 Al 中加入微量(0.05%)的 Fe,能量起伏便急剧减小,这与纯 Al 纯度低的时候加工硬化现象相对应。而 Fe 的质量分数继续增加,在 500 K、700 K 的温度下,能量起伏又急剧变大。此计算结果与下面实验结果相符:如果含有 0.5% ~ 1.7%Fe 的合金在 637 K 下退火、热轧,则发生加工软化。温度过低时能量起伏变小,不发生加工软化。由此 Al‑Fe 二元合金系的能量起伏的计算能够很好地说明了此合金系的加工硬化和加工软化行为。Al‑Si 二元合金系的计算结果如图 4.59 所示,与 Al‑Fe 二元合金系一样,没有出现能量起伏的增大,因此 Al‑Si 二元合金

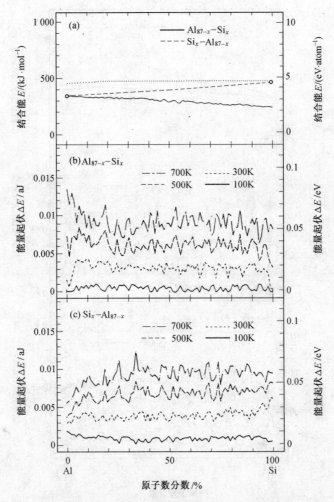

图 4.59　Al‑Si 二元合金系的结合能和能量起伏

$Al_{(87-x)}$‑Si_x 表示面心立方结构的 Al 原子被 Si 原子随机地置换;

Si_x‑$Al_{(87-x)}$ 表示金刚石结构的 Si 原子被 Al 原子随机地置换;

Si_x‑Al_{87-x} 的 X 表示全部原子数为 87 的 cluster 中的 Si 原子数。

系应该不会发生加工软化。

　　图4.60是Al-Zn二元合金系的结合能和能量起伏的计算结果,结合能随着合金成分呈线性变化。Zn是很容易固溶于Al中的元素,因此其结合能随组成的变化是固溶型的典型。而能量起伏在富Al的合金系中变小,在富Zn的合金系中变大。富Al和富Zn的合金系的结合能和能量起伏的计算结果如图4.61所示。可以看出,与富铝合金系相

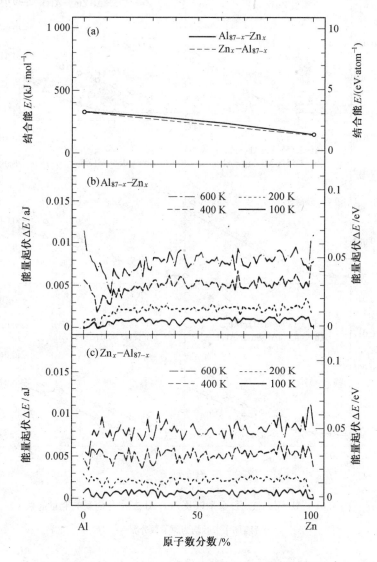

图4.60　Al-Zn二元合金系的结合能和能量起伏

$Al_{87-x}-Zn_x$ 表示面心立方结构的 Al 原子被 Zn 原子随机地置换;

Zn_x-Al_{87-x} 表示最密立方结构的 Zn 原子被 Al 原子随机地置换;

Zn_x-Al_{87-x} 里的 x 表示全部原子数为 87 的"cluster"中的 Zn 原子数。

比,通常富 Zn 合金系中的能量起伏更大。这也是铝合金产生加工硬化、富 Zn 合金发生加工软化的原因。

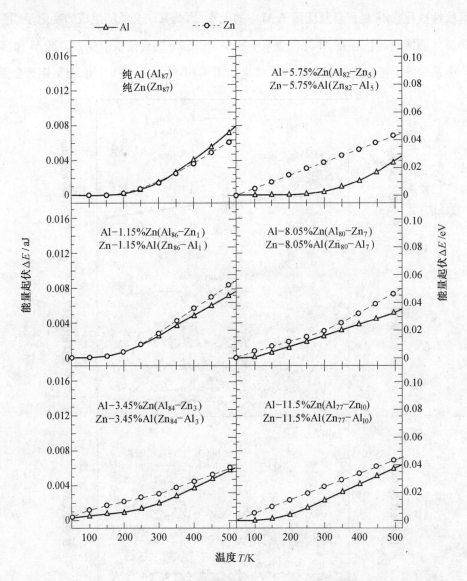

图 4.61　Al－Zn 二元合金系以及 Zn－Al 二元合金系的能量起伏

注:图中分数均为原子数分数。

4.5.3　加工软化、时效软化的总结

(1) 首先,从加工软化的定义来确认。所谓加工软化是指在室温加工时材料的硬度比加工前更柔软。不能维持加工后的组织,而是直接产生回复再结晶。如果只是简

单加工组织的回复再结晶,充其量也应该只是和加工前硬度相同,而不会比加工前更柔软,所以认为是发生了时效软化现象。因为软化自加工后便逐渐发生了,而且伴随着固溶了的原子的析出。

(2) 发生加工软化的时候,至少也发生着加工组织的回复再结晶,所以再结晶温度变到了室温以下。高纯度 Al 和 Zn 的再结晶温度就是室温以下,所以即使加工,也不能维持加工后的组织,马上就会发生回复再结晶,也就发生了加工软化。Al-Zn 二元合金的富 Zn 一侧,发生加工软化是因为再结晶温度在室温以下,而富 Al 一侧,发生加工硬化则是因为再结晶温度在室温以上。Al-Fe 合金中,不做预处理则发生加工硬化,而一旦做适当的预处理便发生加工软化。这主要是由于进行的预处理使本在室温以上的再结晶温度变到了室温以下。

(3) 另外,也存在做了预处理但再结晶温度没变到室温以下的情况。这是由于能量起伏的大小而产生的不同,能量起伏大,与其对应的状态寿命短,便会发生析出反应,如 Al-Fe 合金在能量起伏大的状态下有时效析出并使再结晶温度下降,时效析出即使进行也不是时效软化,而是时效硬化发生的情况下不发生加工软化。Al-Fe 合金就是时效软化的情况。

(4) 时效后的结合性决定时效硬化还是时效软化。基体的结合状态相对电子来说是空位多的金属键合的情况下,发生时效软化,在对电子来说是空位少的共价键合、离子键合的情况下,则发生时效硬化。Al-Fe 合金在预处理之前,基体含有 Fe,再结晶温度在室温以上。然而进行预处理后,Fe 变成化合物 Al_3Fe 析出,基体就变得纯 Al 化了,再结晶温度变到室温以下。这样,时效后基体的结合状态是对电子来说空位多的金属键合,且再结晶温度变到室温以下,所以发生时效(加工)软化。Al-Zn 合金的富 Al 侧和 Al-Si 合金中,能量起伏小。因此,与 Al-Fe 合金的情况一样,不能由预处理将再结晶温度变到室温以下。

(5) 决定加工软化、时效软化的不是结合能,而是能量的起伏。

对前面分析结果总结见表 4.13。

表 4.13　加工软化、时效软化的总结

	能量起伏	空位	结合性	
加工软化	大(可预处理)	多	金属键	再结晶温度在室温以下
加工硬化	小(不可预处理)	少	共价键合、离子键合	再结晶温度在室温以上

4.6　非 晶 态

4.6.1　合金的非晶态化

通常通过以下三种途径合成非晶态合金:①气态的凝集;②液体的凝固;③向结晶的缺陷的导入。其中最实用的是方法 ② 中的单辊轧法,这个方法中,首先用电炉或者高频电炉将合金熔化,再利用气压迫使熔融合金从坩埚的端孔喷出,落到并凝固于回转的辊轧上,为了获得非晶态合金,必须保证在某个临界的冷却速度之上冷却。这个临界冷却速度因材料的不同而有很大的差异。SiO_2 玻璃的冷速一般为 $10^{-2} \sim 10^{-1}$ K/s,合金的情况因组成而不同,通常为 $10^3 \sim 10^6$ K/s,纯金属则是 $10^{10} \sim 10^{12}$ K/s。纯金属的临界冷却速度很大,所以几乎不可能非晶态化。

比较容易非晶态化的合金系为:

①VIII 族中心的过渡金属(Fe、Co、Ni 和 Cu 等) 和以 IVB 族为中心的半金属(B、C、Si、Ge 和 P 等) 或者 IVA 族中心的过渡金属(Ti、Zr 和 Nb 等) 的组合;

②IIA 族中心的元素(Ca、Mg 和 Al 等) 和 IIB 族中的元素(Zn、Cd 等) 组合,成了极特殊的组合。

为了在液体急冷后得到非晶态合金,有必要保持原样地冻结液体原杂乱的原子排列并尽量使原子不动。因此,首先要使液体迅速凝固,并且凝固后原子也不再动。这是因为与非晶态相比,晶态合金在能量上更加稳定,所以原子要是能运动就会发生结晶化,因此要在凝固过程中和凝固后使原子难以运动。而原子是否容易相对地易位,是由其结合性为非局部各向同性还是局部各向异性来决定的。结合的非局部性各向同性越强,原子就越容易破坏结合、其相互的相对配位也越容易变化。所以,金属键越强,凝固过程中和凝固后原子就越容易相对地易位,因此很难非晶态化。相反,结合的局部性各向异性越强,原子就越难使其相对配位变化,则共价键越强,凝固过程中和凝固后原子就越难以相对易位,就容易非晶态化。

从 SiO_2 玻璃到合金再到纯金属,因为越往后共价键越弱、金属键越强,所以越往后就越是有必要加快冷却速度。非晶态化较容易的合金之所以含有以IVB族为中心的元素,是因为由于 sp^3 混成轨道而呈现出的共价键在IVB族里最显著。即使在不含IVB族元素的情况下,也含有由于 sp^3 混成轨道而共价键合倾向很强的元素(II族元素)。而共价键弱的VIII族元素的组合与纯金属中,很难得到非晶态。相反,共价键强的元素类别的组合(比如 Si_3C_4、SiN、BN、BC 和 SiO_2 等),便很容易得到非晶态。

4.6.2 非晶态合金的性质

非晶态合金主要的特征为:① 强的耐腐蚀性;② 高强度、高硬度;③ 好的韧性;④ 大的电阻;⑤ 显著的软磁性;⑥ 强的耐放射线损伤;⑦ 低弹性率;⑧ 低的热稳定性;⑨ 只有小型形状的可制造性;⑩ 不可焊接性等。从 ① 到 ⑥ 点构成了非晶态合金成为新材料的可能性,但从 ⑦ 到 ⑩ 点则限制了材料的使用。综合起来认为非晶态合金完全不适用于大型结构材料特别是高温材料,而只适合做小型的机械性材料。

1. 耐腐蚀性

具有 $Fe_{70}Cr_{10}P_{13}C_7$ 组合的非晶态合金,与不锈钢相比具有非常好的耐腐蚀性,如图4.62 所示。某些非晶态合金具有非常优秀的耐腐蚀性,但也不是说非晶态什么时候都有强的耐腐蚀性,比如,非晶态 $Fe-17P-7C$ 合金比晶态纯铁被腐蚀的速度快得多。这是因为非晶态材料达到结晶状态后处于非平衡状态,各原子不是处于稳定的结合状态而是处于不稳定状态,因此非晶态合金与晶态合金相比在化学上更有活性,腐蚀反应进行得也就相应地更快。

非晶态合金具有强的耐腐蚀性的原因在于它的不动态膜,这个膜的主要成分为 $CrO_x(OH)_{3-2x} \cdot nH_2O$,即含有铬的水合氢氧化物,这个膜耐腐蚀是因为其结合性为共价键强的结合。如果结合性是金属键合或离子键合,在海水、酸、盐基等腐蚀性环境中就能容易被腐蚀。另外,非晶态合金本质上化学活性高,其溶解速度极其大。如果形成保护性的不动态膜,这个活性溶解能迅速地把有效的铬浓缩于合金和溶液的界面,并迅速变成铬的含有率高的不动态膜,这是非晶态合金比晶态合金更加耐腐蚀的一个原因。另一个原因是它的化学均一性。平时所使用的晶态的金属材料的表面存在化学上的不均一部位,所以才常常发生腐蚀。比如,本身是晶态构造上缺陷的晶界、位错、积层缺陷和异相、析出物、偏析等不均质的组织,常和化学上的不均一性相联系成为引起腐蚀的原因。而非晶态合金中不存在组织

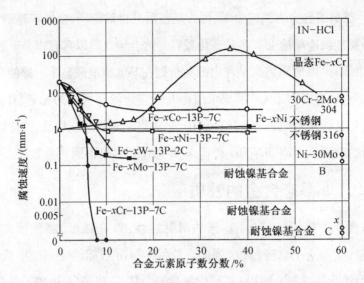

图 4.62　各种合金的腐蚀速度(30 ℃ ,1N－HCl 水溶液)

上的不均质性,所以这种腐蚀原理不会发挥作用。

2.硬度、强度

非晶态合金具有很高的硬度和强度。例如,以铁合金、钴合金、镍合金等铁族元素为主体的非晶态合金的硬度可达到 1000DPN 以上,强度达到 400 kg/mm² 以上。然而,并不是说在任何时候非晶态都能得到这样高的硬度和强度,而是存在这样的倾向:被添加铁族元素的元素是半金属,且在半金属的周期表中的族序号越小,周期越小,就越能得到高的强度、硬度。硬度、杨氏模量、屈服强度这三者与电子、原子比(e/a)之间有着明显的联系,如图 4.63 所示。非晶态合金的硬度、强度也和结晶态合金一样反映结合性,也就是说,构成合金的过渡金属原子的不完全外壳电子轨道被半金属原子的外壳电子填充,由于半金属原子的 sp 混成轨道和过渡金属原子的 sd 混成轨道的互相重叠而产生部分共价键合,这些影响着合金的硬度和强度。并且组织的均一、不均一在耐腐蚀性问题上也很重要,晶界和第二相的存在常使晶态合金的硬度和强度下降,而非晶态合金中不存在这样的不均一化,所以不会发生由组织的不均一性引起的硬度和强度下降。

3.韧性

非晶态合金的特征是不显示高强度材料常有的低韧性,却有着非常高的断裂韧性。通常,晶态金属内存在很容易断裂的结晶面,而非晶态合金中没有这样的结晶面,所以存在于裂纹尖端附近的应力集中部分常常伴随着大的塑性变形,使裂纹传播所需要的能量变大,这样断裂就很难发生。然而,非晶态合金如此高的断裂韧性也不是非晶

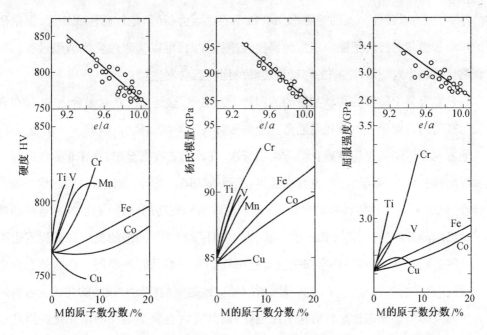

图 4.63　添加 3d 过渡金属 M 对 $(Ni-M)_{75}Si_8B_{17}$ 合金的硬度、杨氏模量、屈服强度的影响

态本身引起的,其根源在于金属键,在离子键、共价键强的玻璃中不能期望有非晶态这样的韧性。非晶态合金比晶态合金韧性好的主要原因是:在非晶态合金中,金属本来带有的韧性劣化就很少,而在晶态合金中,结晶化过程中韧性高的部分与韧性低的部分分离,产生了韧性的不均一化,断裂就是在缺乏韧性的部位产生的。因此,晶态合金中自然就有着比没有不均一性的非晶态合金更为显著的韧性劣化。

4. 电阻

非晶态合金与晶态合金相比,其最明显的特性之一就是具有很大的电阻。主要原因为:① 传导电子的散乱机构不是结晶态的,而是近乎液体中的散乱状态,所以具有大的电阻;② 非晶态合金里溶解度没有限制,因此作为传导电子的散乱中心,较晶态合金能更大量地含有运动着的不纯物原子,这是其具有较大电阻的主要原因;③ 非晶态结构中独特的局部格子会产生振动,由此引起电子的散乱会导致大的电阻。非晶态合金大的电阻在减少由涡电流引起的电能量的损失上是极其适用的。

5. 软磁性

把磁性材料放在磁场中会使其发生磁化,反之则被消磁。这种很容易被磁化和消磁的特性,称为软磁性。大的透磁率(μ)和小的磁顽力(H_c)是软磁性的特征,根据磁壁的移动和磁畴的回转把磁力矩方向调整为磁界方向,可以实现磁化或消磁过程。所以软磁性材料中对应着"磁壁的移动和磁畴的回转容易发生"。

在晶态合金中磁壁的移动和磁畴的回转受到阻碍,这是由于在晶态合金中,存在着与磁化有关的各向异性。首先是晶态合金的磁气各向异性。例如,铁的 < 100 > 方向与其他方向相比是最容易被磁化的方向。其次,在晶态磁性合金中,存在非磁性的第二相和析出物,其大小形状各异,也存在晶界、相界等缺陷。另外,磁性材料的磁性一般都伴随着"磁致伸缩",磁致伸缩对磁化(即磁壁的移动和磁畴的回转)有影响。这样的伸缩显示出结晶各向异性,由于试样的形状、大小和相的不同,伸缩的发生难易程度也不同。这些各向异性、不均一性全部是阻碍磁壁移动和磁畴回转的原因。在非晶态合金中,不存在这样的各向异性和不均一性,所以相应地磁壁的移动和磁畴的回转就容易发生。然而实际的非晶态合金没有这么理想化,而是有时会发生局部的结晶化。因此在某种程度上也会存在磁壁移动和磁畴回转的阻碍因子,但是即使如此非晶态合金也比晶态合金具有更好的软磁性。

6. 耐放射线损伤

耐放射线损伤的能力很强也是非晶态合金的特征。对晶态金属和合金照射电子和中子,会使其产生空孔和空位(void),从而引起延性下降。但是对于本身就含有很多空隙的非晶态合金,对照射缺陷会显示出某种缓和作用,即使照射中子,或是施加对结晶态金属的破坏强度和伸展性有显著影响的照射量,也几乎不会发生任何变化,只是杨氏模量约减少10%,弹性伸缩增加,发生所谓的软化。另外,在有些极强的照射情况下,似乎开始发生部分的结晶化。但是无论如何,可以说非晶态合金的耐放射线损伤是很好的。

7. 弹性率

非晶态合金的刚性率 G 比同一合金的结晶状态低大约30%(杨氏模量相同)。即使与有着其主要组成的纯金属相比,杨氏模量 E、刚性率 G 和体积弹性率 B 也要低大约30% ~ 50%。非晶态合金的弹性常数远小于晶态金属的,这是由于:非晶态合金含有大量的空隙,因此被平均化的原子间力就很小,另外由于在非晶态中原子排列不规则,一部分不稳定的原子在外部应力下会变位,便显示出弹性。

8.热稳定性

非晶态合金的热稳定性很小。非晶态与平衡状态的晶态合金相比不稳定,但是从实用角度出发,希望增加非晶态合金的热稳定性。为此,很有必要添加共价键强的元素。例如,铁合金添加 B、C、P、Ge 和 Si 等,另外 Si 和 B,Si 和 P 等的同时添加对提高热稳定性也很有效。

9.只有制造小型形状的可能

由于非晶态合金是急冷所致的非平衡状态的合金,所以只能局限于小型形状的制造,要想制造更大型的产品,还需要开发更加快速冷却的技术。

10.不可焊接性

这是非晶态合金最大的缺点,所以只能采用那些不需要焊接的方法。

4.7 合金的分类

4.7.1 固溶、不溶、化合物形成

合金是两种以上元素的组合,所以在溶质元素是否能溶入溶剂元素这一点上有明显区分。溶质是否能溶于溶剂中取决于结合性,结合性就类似易溶,结合性有较大差异时则不溶。结合性的类似可以用原子数和原子的结合数来判断。也就是说,原子数和原子的结合数与溶剂类似就固溶,否则就不固溶。不固溶的元素,结合能大的形成化合物,结合能小的变成不溶。两种元素很好地固溶时,其结合性很相似,所以结合能中没有极端的变化,而是对应着成分呈直线变化。

4.7.2 固溶体硬化型合金

固溶体硬化型合金是靠溶质原子的固溶使其强度增加的合金。其特征是:

① 固溶:结合性类似;

② 无空位,共价键,离子键增加;

③ 共价键的元素:原子的结合数很大;

④ 结合能大;

⑤ 能量起伏不大。

固溶体硬化型合金是在溶质溶剂二元系中结合能变大能量起伏变小的合金。就结合性来分析结合能变大能量起伏变小的溶质元素,就是把结合性由金属键合转变成共价键合与离子键合的元素。可以通过计算原子数和原子的结合数来进一步用扩展的 Hückel 法确定。表 4.14 为把 Al 的 cluster 中心的一个原子用其他原子置换时的计算结果。

固溶于 Al 的元素是 Zn、Ag、Mg、Li、Ga、Be、Ge、Cu 和 Si。这些元素的溶解度都不大,并且被添加后原子的结合数都比 Al 的 0.097 要小,因此仅仅通过固溶不能强化铝合金。所以通常为了增加强化效果,要进行时效处理和加工处理。

表 4.15 为把 Fe 的 cluster 中心的一个原子用其他原子置换时的计算结果。可以看出,原子的结合数比 Fe 的 0.097 更大的元素是 C、Si、Ge、Sn、(N)、P、As、Sb、Cr、Mo、W、Mn 和 Re 等。因此对于铁合金来说,仅仅通过这些元素的固溶就可以达到强化效果。实际上,这些元素也正在成为主要的实用合金添加元素。

表 4.16 为把 Mg 的 cluster 中心的一个原子用其他原子置换时的计算结果。原子的结合数比 Mg 的 0.092 大的有稀土类元素和 PB、Ti、In、Sn 和 Cd 等,而这些元素由于毒性等原因不太容易被采用。实际上除了由于时效性而不受欢迎的 Zn、Al 外,稀土类元素是作为 Mg 合金的实用材料被添加的。

可见为了通过固溶增加强度,就有必要增加共价键(添加比溶剂相比具有大的原子的结合数的溶质元素,由此来增加共价键)或增加离子键(添加与溶剂原子电负性明显不同的溶质元素,由此来增加离子键)。比如往 Co 合金里添加 W 就是一个很好的例子。

表4.14 Al中的溶质原子的结合数

图例（每格内容）：
- 元素
- ABP序列
- ABP序列

1	2	3	4	5	6	7	8	9	10	11	12	13	14	15	16	17	18
1 H 75 −0.124																	2 He
3 Li 72 −0.075	4 Be 13 0.098											5 B 28 0.073	6 C 65 −0.014	7 N 67 −0.024	8 O 66 −0.015	9 F 63 −0.010	10 Ne
11 Na 76 −0.137	12 Mg 31 0.065											13 Al 15 0.097	14 Si 16 0.094	15 P 55 0.042	16 S 62 −0.009	17 Cl 71 −0.027	18 Ar
19 K 77 −0.332	20 Ca 68 −0.025	21 Sc 69 −0.025	22 Ti 39 0.052	23 V 42 0.051	24 Cr 48 0.047	25 Mn 50 0.046	26 Fe 51 0.046	27 Co 52 0.046	28 Ni 36 0.055	29 Cu 37 0.055	30 Zn 21 0.085	31 Ga 11 0.103	32 Ge 12 0.099	33 As 30 0.067	34 Se 61 0.020	35 Br 64 −0.011	36 Kr
37 Rb 79 −0.396	38 Sr 73 −0.083	39 Y 74 −0.089	40 Zr 10 0.103	41 Nb 24 0.079	42 Mo 33 0.062	43 Tc 41 0.052	44 Ru 47 0.047	45 Rh 53 0.046	46 Pd 46 0.047	47 Ag 58 0.041	48 Cd 23 0.082	49 In 5 0.109	50 Sn 3 0.119	51 Sb 9 0.105	52 Te 25 0.078	53 I 44 0.049	54 Xe
55 Cs 80 −0.467	56 Ba 78 −0.342	57 La 70 −0.026	72 Hf 4 0.114	73 Ta 19 0.090	74 W 27 0.074	75 Re 34 0.061	76 Os 38 0.054	77 Ir 45 0.048	78 Pt 43 0.051	79 Au 57 0.042	80 Hg 0.065	81 Tl 8 0.106	82 Pb 1 0.128	83 Bi 2 0.124	84 Po 6 0.107	85 At	86 Rn
87 Fr	88 Ra	89 Ac 7 0.107															

镧系：

58 Ce 60 0.027	59 Pr 59 0.035	60 Nd 54 0.045	61 Pm 40 0.052	62 Sm 35 0.058	63 Eu 32 0.065	64 Gd 29 0.071	65 Tb 26 0.078	66 Dy 22 0.083	67 Ho 20 0.088	68 Er 18 0.092	69 Tm 17 0.097	70 Yb 14 0.098	71 Lu 49 0.046

锕系：

90 Th 56 0.038	91 Pa	92 U	93 Np	94 Pu	95 Am	96 Cm	97 Bk	98 Cf	99 Es	100 Fm	101 Md	102 No	103 Lr

表4.15 Fe中的溶质原子的结合数

图例：元素 / ABP序列 / ABP

IA	IIA	IIIB	IVB	VB	VIB	VIIB	VIII	VIII	VIII	IB	IIB	IIIA	IVA	VA	VIA	VIIA	0
1 H 67 0.036																	2 He
3 Li 76 -0.032	4 Be 29 0.092											5 B 16 0.113	6 C 21 0.102	7 N 64 0.040	8 O 71 0.009	9 F 73 -0.001	10 Ne
11 Na 77 -0.079	12 Mg 50 0.064											13 Al 28 0.092	14 Si 14 0.114	15 P 7 0.121	16 S 20 0.106	17 Cl 39 0.074	18 Ar
19 K 79 -0.188	20 Ca 69 0.020	21 Sc 72 0.005	22 Ti 47 0.066	23 V 30 0.090	24 Cr 17 0.108	25 Mn 12 0.115	26 Fe 24 0.097	27 Co 51 0.063	28 Ni 59 0.054	29 Cu 60 0.050	30 Zn 34 0.077	31 Ga 25 0.095	32 Ge 15 0.113	33 As 6 0.122	34 Se 9 0.118	35 Br 22 0.100	36 Kr
37 Rb 80 -0.218	38 Sr 74 -0.011	39 Y 75 -0.020	40 Zr 46 0.066	41 Nb 32 0.088	42 Mo 18 0.107	43 Tc 19 0.106	44 Ru 55 0.060	45 Rh 61 0.045	46 Pd 65 0.039	47 Ag 66 0.037	48 Cd 33 0.079	49 In 23 0.097	50 Sn 11 0.116	51 Sb 5 0.127	52 Te 2 0.129	53 I 3 0.129	54 Xe
55 Cs 81 -0.263	56 Ba 78 -0.184	57 La 52 0.063	72 Hf 44 0.070	73 Ta 26 0.095	74 W 13 0.114	75 Re 8 0.119	76 Os 31 0.088	77 Ir 57 0.055	78 Pt 62 0.045	79 Au 63 0.041	80 Hg 56 0.056	81 Tl 27 0.094	82 Pb 10 0.116	83 Bi 4 0.127	84 Po 1 0.132	85 At	86 Rn
87 Fr	88 Ra 70 0.018	89 Ac 58 0.054															

镧系：

58 Ce 54 0.062	59 Pr 53 0.062	60 Nd 49 0.064	61 Pm 48 0.065	62 Sm 45 0.067	63 Eu 43 0.070	64 Gd 42 0.071	65 Tb 41 0.073	66 Dy 40 0.073	67 Ho 38 0.074	68 Er 37 0.074	69 Tm 36 0.076	70 Yb 35 0.076	71 Lu 68 0.034

锕系：

90 Th	91 Pa	92 U	93 Np	94 Pu	95 Am	96 Cm	97 Bk	98 Cf	99 Es	100 Fm	101 Md	102 No	103 Lr

表4.16 Mg中的溶质原子的结合合数

图例:
元素
ABP序列
ABP

1 (IA)	2 (IIA)	3	4	5	6	7	8	9	10	11	12	13 (IIIA)	14 (IVA)	15 (VA)	16 (VIA)	17 (VIIA)	18 (0)
1 H 68 -0.004																	2 He
3 Li 66 0.013	4 Be 25 0.112											5 B 47 0.063	6 C 70 -0.007	7 N 72 -0.011	8 O 71 -0.009	9 F 69 -0.006	10 Ne
11 Na 75 -0.026	12 Mg 33 0.092											13 Al 30 0.099	14 Si 38 0.084	15 P 62 0.038	16 S 67 0.000	17 Cl 73 -0.012	18 Ar
19 K 76 -0.144	20 Ca 46 0.064	21 Sc 50 0.059	22 Ti 20 0.119	23 V 28 0.102	24 Cr 37 0.085	25 Mn 39 0.080	26 Fe 40 0.076	27 Co 41 0.074	28 Ni 43 0.071	29 Cu 44 0.068	30 Zn 34 0.091	31 Ga 29 0.102	32 Ge 35 0.090	33 As 52 0.057	34 Se 65 0.023	35 Br 74 -0.012	36 Kr
37 Rb 78 -0.196	38 Sr 63 0.035	39 Y 64 0.025	40 Zr 19 0.120	41 Nb 32 0.094	42 Mo 45 0.067	43 Tc 51 0.059	44 Ru 54 0.053	45 Rh 56 0.050	46 Pd 58 0.046	47 Ag 60 0.044	48 Cd 27 0.105	49 In 23 0.115	50 Sn 24 0.112	51 Sb 36 0.087	52 Te 49 0.060	53 I 59 0.046	54 Xe
55 Cs 79 -0.272	56 Ba 77 -0.151	57 La 22 0.119	72 Hf 17 0.123	73 Ta 31 0.096	74 W 42 0.072	75 Re 48 0.061	76 Os 53 0.055	77 Ir 55 0.051	78 Pt 57 0.047	79 Au 61 0.044	80 Hg 49 0.057	81 Tl 16 0.125	82 Pb 15 0.126	83 Bi 26 0.109	84 Po	85 At	86 Rn
87 Fr	88 Ra 18 0.122	89 Ac 3 0.173															

镧系:

58 Ce	59 Pr	60 Nd	61 Pm	62 Sm	63 Eu	64 Gd	65 Tb	66 Dy	67 Ho	68 Er	69 Tm	70 Yb	71 Lu
14 0.146	13 0.148	12 0.152	11 0.154	10 0.156	9 0.158	8 0.162	7 0.166	6 0.168	5 0.171	4 0.172	2 0.174	1 0.174	21 0.119

锕系:

90 Th	91 Pa	92 U	93 Np	94 Pu	95 Am	96 Cm	97 Bk	98 Cf	99 Es	100 Fm	101 Md	102 No	103 Lr

4.7.3　加工硬化型合金

只通过固溶处理强度不能再上升时,可通过加工来增加强度。加工硬化型合金必须满足以下条件:

① 固溶;

② 空位少;

③ 电负性比溶剂小,通过加工,电子流向缺陷之处;

④ 再结晶温度在室温以上。

加工硬化型合金的特征是:在与溶剂组成的二元系中结合能稍大,且能量起伏小,溶质元素的电负性比溶剂小。这样的合金加工后一旦生成缺陷就会有电子由溶质流向缺陷,进而稳定化,强度上升,所以会产生硬化,例如,Fe-Mn,Al-Mg 等。

4.7.4　加工软化型合金

在室温下加工后,硬度比加工前下降的合金就是加工软化型合金。加工软化型合金必须满足以下条件:

① 很难固溶;

② 预处理之前空位少,预处理之后空位多;

③ 再结晶温度在室温以下。

加工软化型合金的特征是:在与溶剂组成的二元系中结合能小,能量起伏大。这样的合金加工之所以会软化,是因为室温下电子状态不稳定,使得加工组织无法维持,进而会发生回复再结晶现象,例如,纯 Al、Zn、Al-Fe 和 Zn-Al 合金。

4.7.5　利用相转变、析出、石墨化等反应强化的合金

利用相转变、析出、石墨化等反应是用来强化那些仅靠固溶不强化且进一步加工也不太硬化的合金的方法。这类合金的特征是:反应前结合能小,能量起伏大,为此而不稳定;反应后结合能大,能量起伏小,进而变得稳定。

【例4.1】　利用马氏体转变的铁合金

铁由于温度的不同会发生由体心立方结构向面心立方结构再向体心立方结构的同素异构转变。铁合金常通过马氏体转变来达到强化的目的,但是如果 C 不存在,即使有

马氏体转变,铁合金也不会变硬。这是因为如果 C 不存在,对强化(硬化)很重要的共价键、离子键就不会增加。在室温下 C 在 Fe 中不固溶,因此马氏体转变是为了把 C 强制固溶进 Fe 中而采用的一种同素异构转变方法。同样是马氏体,在 Ti 合金中的就不如 Fe-C 系中的硬度高。这是因为,在 Fe-C 系的马氏体中,C 不是作为置换型,而是作为间隙型原子而存在的,C 是共价键最强的元素,置换型仅仅是与被置换的元素之间的差对硬度有贡献,间隙型则不是与被置换了的元素之间的差,而是额外对硬度有贡献,所以相应地硬化效果自然很好。另外由于 C 是共有原子价很大的元素,与 N、O 等比起来效果要好。C 存在于间隙型位置,结合中共价键就会增加,相应地空位自然就减少,所以硬度增加。如果形成了回火马氏体则会软化。原因是,马氏体处于高能量状态,一旦回火就变为低能量状态,室温下 C 不能固溶于 Fe 而强制性地使其固溶,所以 C 在回火的时候会从 Fe 中以渗碳体形式析出分离。于是基体变为纯 Fe,自然会软化。而能量高不稳定的马氏体能够存在,是因为其在室温下能量起伏小。

所以可以利用马氏体转变来强化的铁合金中,参照表 4.17,可利用添加元素对($\delta-,\gamma-,\alpha-$)各自的相的稳定性的影响来控制马氏体转变。

表 4.17　添加元素对液体和固体($\delta-,\gamma-,\alpha-$)铁的稳定性的影响

【例4.2】 时效硬化型的铝合金

时效硬化型的铝合金需要满足以下条件：

① 固溶；

② 时效前空位多，时效后空位少；

③ 过饱和固溶体中能量起伏大，结合能小；由于时效，能量起伏小，结合能大；

④ 电负性与溶剂相似；

⑤ 溶质原子一类的化合物的形成。

【例4.3】 以 Ti、Al、Ni 的金属间化合物析出的铁合金，Ni 合金，Co 合金。以 Nb、W、Mo、Cr 的碳化物析出的铁合金。

这些合金系共同的特点是溶剂和溶质间的结合很弱，因此反应前不稳定，而溶质原子群结合力很强，则反应后稳定化。因此反应前即使不稳定但由于在溶质原子群之间形成了共价键和离子键的生成物，反应后稳定化了。

【例4.4】 时效软化型 Zn－Al 合金

时效软化型 Zn－Al 合金需要满足以下条件：

① 难以固溶；

② 时效前空位多，时效后空位也多；

③ 过饱和固溶体中能量起伏大，结合能小；即使时效，能量起伏大，结合能也大。

4.7.6 铸造型合金

共价键强的元素有 C、Si、Mg 等。含有共价键强的元素则以这个元素为中心进行分子化、cluster 化，使熔点下降、流动性增加、气体吸附性减少，即铸造性能得到改善。之所以以共价键强的元素为中心进行分子化、cluster 化以后熔点下降、流动性增加、气体吸附性减少，是因为共价键的饱和性。也就是说在分子内、cluster 内，由于共价键的强结合的一体化，使得结合饱和，所以在分子间、cluster 间结合变弱，和气体分子容易运动一样，分子单位、cluster 单位变得能够自由地运动。铸造性得到改善的合金有 Fe－C，Fe－Si，Al－Si，Al－Mg－Si 等。

4.7.7 耐腐蚀性合金

满足如下条件的合金系是耐腐蚀性合金型：

① 无空位；

② 为共价键合；

③ 腐蚀酶的结合性不同(水:离子键合,氢键)；

④ 电负性大；

⑤ 能量起伏小；

⑥ 形成了保护膜；

⑦ 不形成离子键,共价键的氧化物:Cr,Ti,Al。

在能量起伏小的单元素物质中,有 Pt、Pd、Ni 等时形成保护膜,而能量起伏小的合金系中,有纯 Al、不锈钢。纯 Al、不锈钢的氧化保护膜是共价键的,与作为腐蚀酶的水的结合性(离子键合,氢键) 不同。

4.7.8　耐热性合金

高温下强度大且具有耐腐蚀性的合金系是耐热性合金型,需要满足以下条件:

① 无空位；

② 有耐氧化性；

③ 有耐热性；

④ 高温强度大；

⑤ 为共价键；

⑥ 具有时效性；

⑦ 具有加工硬化性。

【例4.5】　Pt、Pd 等的纯金属,耐热钢,这些纯金属在高温下能量起伏小。

【例4.6】　添加了稀土类元素的 Mg 合金等

【例4.7】　添加了 Al,Ti,Mn,Fe 等的 Co 基合金。Co 在金属中电负性大,并有着取 d^{10} 稳定的电子结构的倾向。因此添加比 Co 电负性小的 Al、Ti、Mn、Fe 等元素,会使电子从这些元素流向 Co,增加离子键的结合性,趋于稳定化。

【例4.8】　添加了 Ti、Al 等的 Ni 合金。往 Ni 合金里添加 Al、Ti、Cr、W、Fe、Co 是非常有效的。Ni 是金属中电负性较大的元素,并有取 $d^{10}s^2$ 稳定电子结构的倾向。因此添加比 Ni 电负性小的 Al、Ti、Cr、W、Fe、Co 等元素,会使电子从这些元素流向 Ni,增加离子键的结合性,趋于稳定化。

　　前面的分析总结见表4.18和表4.19。① 固溶体硬化型合金通过增加共价键而增加强度,金属键合、共价键合的结合轨道的重合很重要,所以对称性必须相同,因此溶质元素必须和溶剂元素具有相同的结构。为了确定增加共价键的元素,计算了合金系各自溶剂中溶质的原子的结合数,最好选择其值比溶剂大的,这样能实现仅仅靠添加原子的结合数比溶剂大的元素就可以增加强度。因为添加这样的元素可以增加共价键,减少空位,增加电子的稳定性,这个低倾向在结合能增大,能量起伏变小之后就会出现。② 时效硬化型合金由于离子键的形成而减少空位,这时溶质的原子的结合数比溶剂的小。因此仅仅靠添加元素还不能达到好的强化效果。有必要进行热处理。另外为了由离子键合而稳定化,可以增大溶质和溶剂之间电负性的差。如果溶质和溶剂之间的电负性大,电子会随着这个差流动。为了使这个流动稳定化,电负性差很大的原子必须互相邻近,因此就需要发生原子的再排列和扩散。为此,与固溶体型合金不同,热处理是不可缺少的。③ 加工硬化型合金也是利用了共价键,但和固溶体型合金不同的是,溶质与溶剂之间的结构不同(比如,Fe－Mn合金中,Fe和Mn的结构不同),所以溶质不能仅仅靠置换型进入溶剂的晶格而达到稳定的结合,因为结合轨道的对称性不同导致了轨道不重合。为了使轨道重合,必须通过加工来打乱溶剂的晶格,实现使溶质和溶剂的结合轨道能够重合的原子排列。因此加工是不可缺少的。④ 在耐腐蚀型合金中,有必要添加使能量起伏变小的元素。像Pt、Pd这样在单元素物质时能量起伏已经很小的不必添加,但在其他单元素物质中,像往Fe中就有必要添加元素Cr来形成能量起伏小的保护膜。生成物的结合性为共价键合也是有必要的。因为如果是离子键就会很容易溶于水。⑤ 为了使耐热型合金在高温下有高强度,可以像往Mg合金中添加稀土类元素那样,添加一些使高温下能量起伏变小的元素。另外还有必要增加耐热型合金的耐氧化性。⑥ 铸造型合金要求有熔点低、液态流动性好、不吸气等优良的铸造性能,所以以IVB族为中心,有必要添加一些共价键极强的元素。若以IVB族为中心,添加共价键极强的元素,就会发生以这些元素为中心的cluster化、分子化,由于结合的饱和性,熔点下降,流动性增强,吸气自然也就被抑制。以上是理想化了的理解,实际不能如此完美地分开。特别是固溶体硬化型和时效硬化型经常混在一起发生。

表 4.18　合金性质的总结

	空位	ABP	ΔE
固溶硬化	固溶前多,固溶后少	固溶前小,固溶后大	固溶前大,固溶后小
时效硬化	时效前多,时效后少	时效前小,时效后大	时效前大,时效后小
时效软化	时效前少,时效后多	时效前大,时效后小	时效前小,时效后大
加工硬化	加工前多,加工后少	—	加工前大,加工后小
加工软化	加工前少,加工后多	—	加工前小,加工后大
耐蚀性良	少	—	小
耐热性良	少	大	小

表 4.19　合金型机构和结构的总结

合金的类型	结合性	机构	结构
固溶硬化型 例: Al – Cu Fe – Cr	金属键 → 共价键	ABP:大(溶剂的大) 结合能大 能量起伏小 不需要热处理	同种结构
时效硬化型 例: Al – Cu Al – Zn – Mg	金属键 → 离子键	ABP:小(溶剂的小) → 大 结合能小 → 大 能量起伏大 → 小 需要热处理	类似结构
加工硬化型 例: Al – Cu Fe – Mn	金属键 → 共价键、离子键	ABP:小(溶剂的小) → 大 结合能小 → 大 能量起伏小 需要加工,再结合	不同结构
耐腐蚀型 例: Pd、Pt 不锈钢	金属键 → 共价键	ABP:大 结合能大 能量起伏小	同种结构
耐热型 例: Fe – W、Wo、Cr Co 基合金 Ni 基合金(Constantan) Mg + 稀土类元素 陶瓷	金属键 → 共价键	ABP:大 结合能大 能量起伏小	同种结构
铸造型 例: Fe – C Al – Si Ni – Si	共价键(ⅣB 族元素)	结合饱和,cluster 化	不同结构

4.8 材料的物性

图 4.64 为各种材料的拉伸强度。可以看出,以强共价键结合的材料强度最高。同样地,即使是在耐腐蚀性和耐热性上,共价键的物质也是最优秀的。导电,导热,塑性变形能力则是金属键的物质优秀。水中的溶解性则是离子键物质的较大。

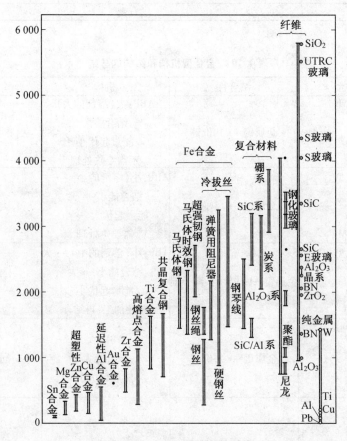

图 4.64 各种材料的拉伸强度

实际上在要求使用有高强度、耐腐蚀和耐热性的材料时,也不一定非要使用共价键的物质。比如,在需要高强度和耐腐蚀的情况下,更多地使用金属材料,而不是使用作为共价键物质的典型的合成高分子材料。这主要是因为当材料有很多性质时,就看最关心的是哪个方面。例如,要求结构材料有强度时,就必须把材料做成需要的确定形状,如此一来主要问题并不是强度,而是成形性方面。为了把材料做成某个形状,也可能会使用塑性变形、切削、焊接和其他铸造方法。但由于在强度和耐腐蚀性上最优秀的合成高分子材料不可以塑性变形也不可以焊接,还不容易切削,所以从成形性来看自然是金属比较优秀。因此即使金属在强度和耐腐蚀性上多少劣于高分子材料,但在进行塑性变形、焊接和切削时,我们还是更多地使用成形容易的金属材料。另外金属在断裂时会先于断裂发生塑性变形,并且因为不会瞬间断裂而给采取安全对策留下了时间上的余裕。与此相对,共价键的合成高分子材料不会发生先于断裂的塑性变形,则断裂会在一瞬间完成,很难对此进行预见,因此安全性就低一些。再者即使是废材的金属也可以通过再熔解得以反复使用,而合成高分子材料的再使用则很困难,并且由于耐腐蚀性强而不易降解。所以如果把很多性质作为实际使用的材料来灵活应用,那么自然要考虑我们所关注和想要的那个性质是否优秀,但若再与成形性、安全性、经济性、再利用、废弃处理性等各种问题联系起来,就成为了一个综合性问题。因此,性质不同,在材料上有必要进行综合性的判断。

1. 结构材料

无论如何强度必须考虑。在成形性要求不高时,可使用共价键天然材料的石材;在要求强度极高时使用人工合成的新陶瓷纤维等复合材料;在对成形性和韧性有要求时,使用金属材料,也就是往铁里添加共价键元素强化过的钢铁材料;在要求飞行物体质量轻便时,使用铝合金材料;在既要求轻又要求有耐热性时,使用钛合金等。

2. 耐腐蚀性材料

首先必须不被腐蚀。在不要求成形性时使用共价键天然材料的陶瓷;在极需要耐腐蚀性时则使用人工合成高分子材料;成形上,利用塑性变形的情况下,则使用那些使白金族的金属和共价键的膜在金属表面生成、利用其耐腐蚀性的不锈钢、铝、钛等。

3. 耐热性材料

熔点高、高温下强度大、耐氧化等特性是必须的,共价键物质可以满足这些。因此韧性和成形性不太重要时可以使用所谓的新陶瓷;但是韧性和成形性很重要时,就要使用那些往 Ni、Pt、Fe 中添加了共价键元素而增加了耐热性的所谓耐热合金。

4. 高硬度材料

工具、刀刃等对耐磨性有要求时可以使用。需要极高的硬度时,可以用适当的结合材质(Ni,Co 等)来烧结作为共价键代表的金刚石和 BN、过渡金属的碳化物、氮化物、硼化物、硅化物等高硬度物质;硬度即使稍微低一点而制造工程中成形性重要时,可以使用那些往铁中添加了共价键元素而使碳化物生成进而增加耐磨性的所谓高硬度钢等。

5. 导电材料和导热材料

此材料限定于银,铜,铝(导热则限于金刚石) 等。超导材料是今后会被广泛使用的材料,然而遗憾的是显示出超导特性的材料的脆性往往导致加工困难,这一点是否能解决将左右着超导材料的未来。

6. 磁性材料

最近出现的稀土类磁石似乎可以成为强力的永久磁石。但是磁性材料一般都很脆,成形困难。塑性磁石、非晶态磁石可成为优秀的软磁性材料,但也只能限定于小的物体。

7. 铸造

在制品的成形方面,铸造是一种可以一举制成复杂形状物品的理想方法。但是作为铸造性能,要求熔点低,液体金属流动好,不能有缩孔等铸造缺陷,满足这些的铸造材料仅限于一些合金系。

8. 焊接材料

此材料必须可以焊接。从结合性来看是金属键合,因此限定于金属材料,且也限定于熔点比较低的金属材料。在焊接过程中,材料表面若是形成共价键的膜则不可焊接。另外,结合性过于不同也不能焊接,所以有必要把合金成分调整成结合性相同。

9. 装饰材料

装饰材料中最重要的要素是材料的颜色。物质的颜色是可见光领域的光与物质相互作用的结果。就结合性而言,金属键的结合能量过小,共价键的结合能量过大都不会与可见光有相互作用。因此为了给材料着色,有必要使金属键向离子键、共价键转变,使共价键向离子键合、金属键合转变。

第5章 吸氢材料

主要从以下三个方面分析吸氢材料:

① 吸氢量,即能吸收多少氢;

② 吸氢速度,就是以多大的速度吸收氢;

③ 反应的可逆性,就是将氢再释放出来。

5.1 吸 氢 量

氢是因为构成吸氢材料元素的电子和氢的电子之间相互作用而被吸收的,构成吸氢材料的物质的结合状态中,必须有没被电子占据的物质,也就是说,如果没有这样的物质就不能发生吸氢反应。因此,首先必须有金属结合性的物质,共同结合性和静电结合性的物质中不存在没有被电子占据的状态。因此金属和合金是作为吸氢材料的首选,为评价金属和合金的吸氢量,用扩张 Hückel 法计算吸氢过程中的状态变化。图 5.1 ~ 图5.3是纯La、Ce、Lu等吸氢过程中的全部状态密度变化,即由57个La、Ce或Lu构成的结构侵入氢的位置分别是57个、114个、171个时的状态密度变化。从图5.1可以看出,随着吸氢过程的进行,能量在 − 4 ~ − 9 eV 范围内时状态密度减小,在其他比这个领域能量低或比这个领域能量高的位置的状态密度均增大。图 5.2(Ce) 和图5.3(Lu) 也呈现了同样的变化趋势。这些结果表明氢都是在能量为 − 4 eV(− 5 eV)到 − 9 eV 之间的轨道发生相互作用时而被吸收,因此吸氢量能由在 − 4 eV(− 5 eV) ~ − 9 eV 之间的状态数来评价。可以通过假设吸氢反应量与能量在 − 4 ~ − 9 eV 之间的状态数成比例,计算纯稀土类元素的吸氢量,结果如图 5.4(a)、(b) 所示。图 5.4(c) ~ 5.4(j) 为稀土类(Y、La、Ce)与过渡金属(Ca、Rh、Ir、Ni、Pd、Pt)的计算结果和实验结果的对比。从图 5.4 中可以看出,理论计算结果与实验结果相符。

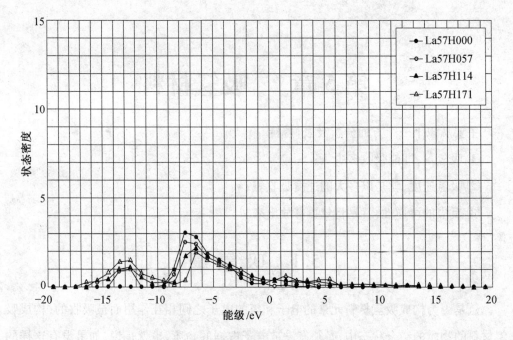

（a）在 La－H 系合金模型中的状态密度变化

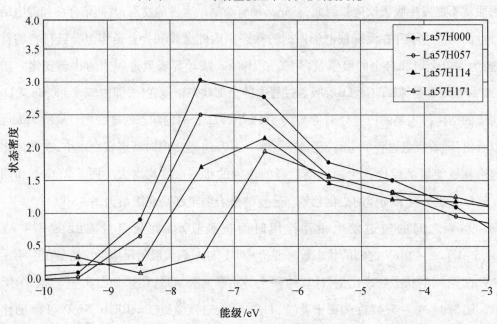

（b）图 5.1（a）的放大图

图 5.1

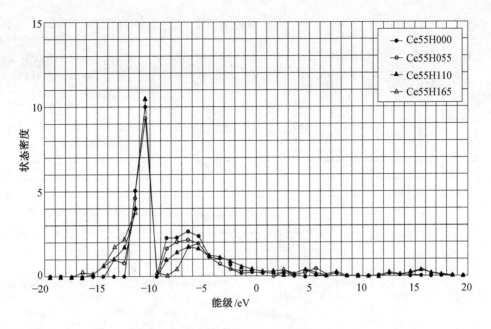

(a)Ce-H合金系模型中的状态密度变化

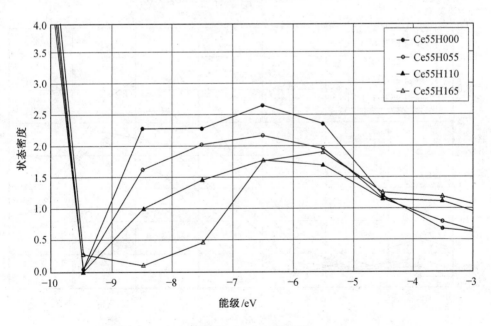

(b) 图 5.2(a) 的放大图

图 5.2

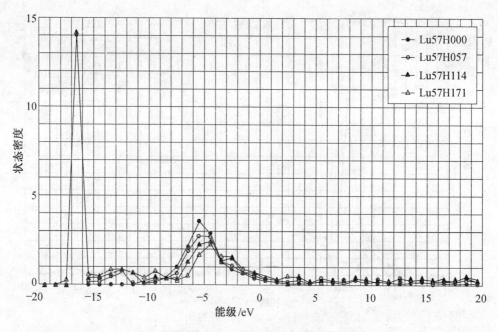

（a）Lu－H 合金系模型中的状态密度变化

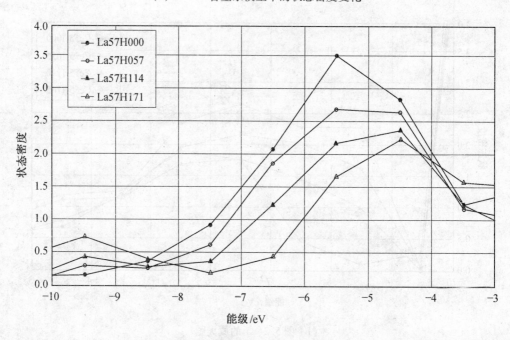

（b）图 5.3（a）的放大图

图 5.3

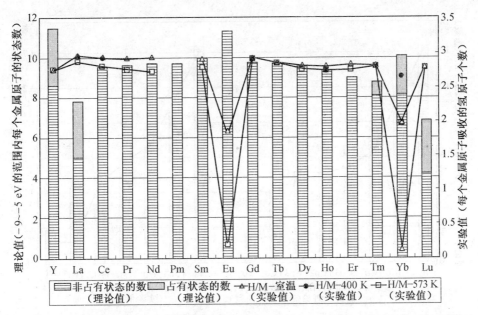

（a）稀土类元素理论值与实验值之间的比较理论值在（-9~-5 eV）范围内每个金属原子的状态数，实验值表示每个金属原子吸收的氢原子个数

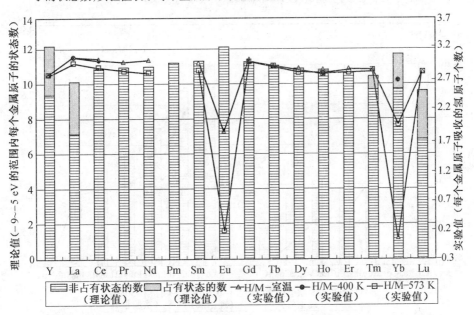

（b）稀土类元素理论值与实验值的比较理论值在（-9~-5 eV）的范围内每个金属原子的状态数，实验值表示每个金属原子吸收的氢原子个数

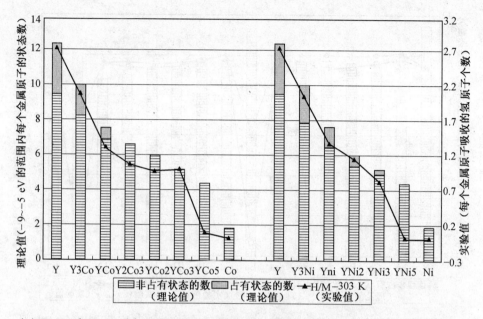

（c）Y−Co系、Y−Ni系合金理论值与实验值的比较理论值在（−9 ～ −4 eV）的范围内每个
金属原子的状态数，实验值表示每个金属原子吸收的氢原子个数

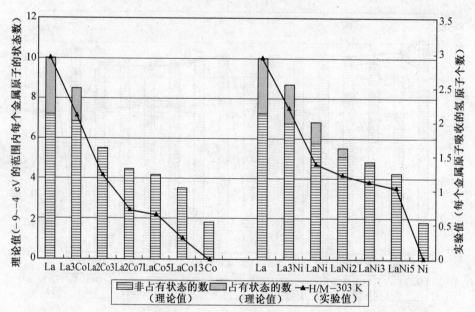

（d）La−Co系、La−Ni系合金理论值与实验值的比较理论值在（−9 ～ −4 eV）的范围内每
个金属原子的状态数，实验值表示每个金属原子吸收的氢原子个数

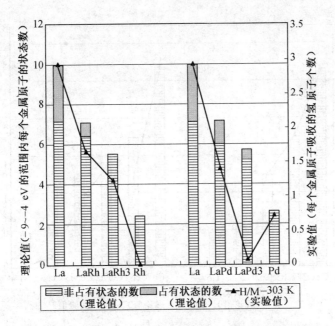

（e）La-Rh系、La-Pd系合金理论值与实验值的比较理论值在
（-9～-4 eV）的范围内每个金属原子的状态数，实验值表
示每个金属原子吸收的氢原子个数

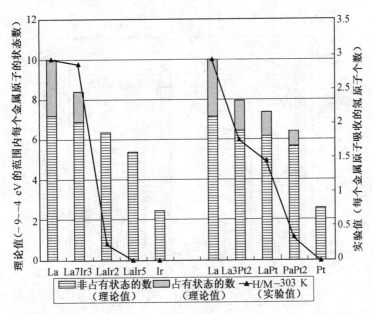

（f）La-Ir系、La-Pt系合金理论值与实验值的比较理论值在（-9～-4 eV）的
范围内每个金属原子的状态数，实验值表示每个金属原子吸收的氢原子个
数

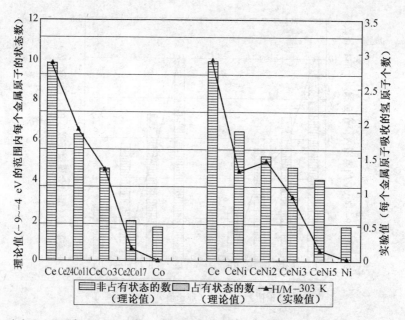

(g) Ce-Co 系、Ce-Ni 系合金理论值与实验值的比较理论值在(−9 ~ −4 eV)
的范围内每个金属原子的状态数,实验值表示每个金属原子吸收的氢原
子个数

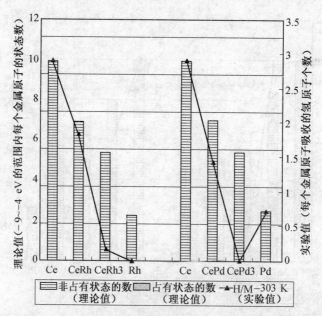

(h) Ce-Rh 系、Ce-Pd 系合金理论值与实验值之间的比较理论
值在(−9 ~ −4 eV) 的范围内每个金属原子的状态数,
实验值表示每个金属原子吸收的氢原子个数

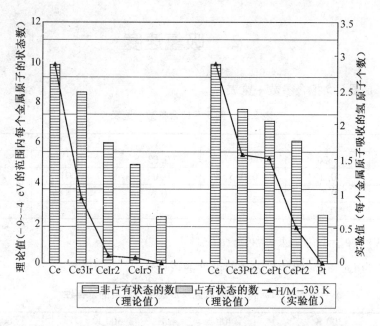

（i）Ce－Ir 系、Ce－Pt 系合金理论值与实验值的比较理论值在（－9～
－4 eV）的范围内每个金属原子的状态数，实验值表示每个金属原子
吸收的氢原子个数

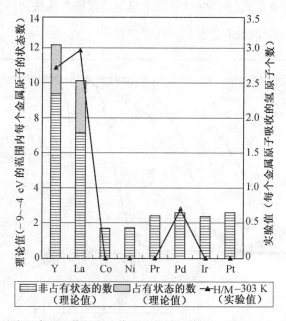

（j）9/10 族过渡元素理论值与实验值的比较理论值在（－9 ～ －4 eV）的范围内
每个金属原子的状态数，实验值表示每个金属原子吸收的氢原子个数

图 5.4

5.2 吸氢速度

表5.1是图5.5拟合参数一览表。

表5.1 图5.5拟合参数一览表

	①	②	③	④	⑤
r_1	0.26	0.1	0.03	0.4	0.1
r_2	0.2	0.035	0.03	0.001	0.003
n_1	0.5	0.5	0.5	0.5	0.5
n_2	0.5	2	3	6	3

注:$Y_v = 1 - \exp\{-(r_1 t)^{n_1}[1 - \exp(-r_2 t)^{n_2}]\}$

表5.2为La和Ce的能量波动对温度的依存性。

表5.2 La和Ce的吸氢反应速度对温度的依存性

	300 K	400 K	500 K	600 K
La	0.022	0.033	0.043	0.053
Ce	0.014	0.015	0.015	0.015

图5.5是根据第3章式(3.79)计算出的吸氢速度拟合曲线和经实验测得的吸氢速度曲线。表5.1是对图5.5拟合参数一览表。

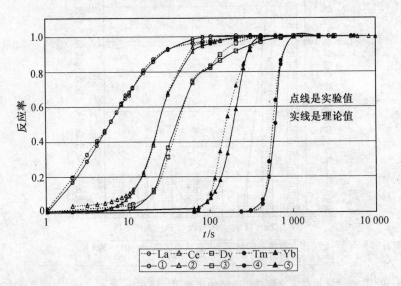

图5.5 吸氢速度拟合曲线

在吸氢材料中,因为氢容易被吸收,所以开始了一个接一个的不均一的吸氢反应,吸氢部位以起始位置为中心不断扩大。

　　吸氢反应的速度是随温度变化的,速度和温度的依存性能用能量波动来理解。根据计算得出,La 的吸氢反应速度对温度最敏感,而 Ce 吸氢反应不受温度影响。理论结果见表5.2,实验结果如图5.6和5.7所示,这两个结果是一致的。

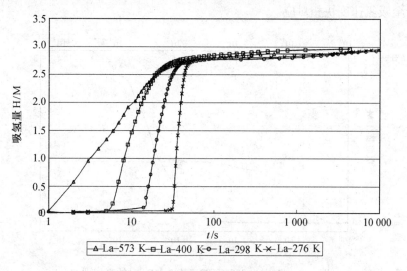

图 5.6　La 的吸氢速度与温度的关系

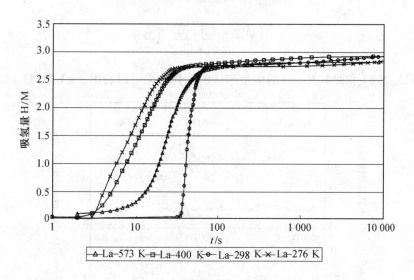

图 5.7　Ce 的吸氢速度与温度的关系

　　纯 Y 和纯 La 的吸氢反应曲线以及 Ni 的化合物的吸氢反应曲线如图5.8所示。从图中可以看出,纯 Y 比纯 La 的吸氢速度慢,纯 Y 和 Ni 的合金的吸氢速度慢。纯 Y 和纯 La 吸收的氢不被放出,但是它们与 Ni 的合金会放出吸收的氢。图5.9(a)和(b)分别是纯 La 和 La 与 Ni 的合金吸氢时的结合能和能量起伏与其成分的关系,图5.10(a)和

（b）分别是纯 Y 和 Y 与 Ni 的合金吸氢时的结合能和能量起伏与其成分的关系。可以看出，纯 La 吸氢时的结合能很大，与此相对的纯 Y 吸氢时的结合能很小，这与纯 La 的吸氢速度快和纯 Y 吸氢速度慢相对应。纯 Y 与 Ni 形成合金，在吸氢时结合能大，这与 Y 和 Ni 合金吸氢速度快相对应。

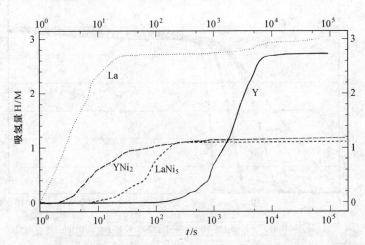

图 5.8　温度为 303 K，氢压为 2 MPa 时的吸氢曲线

5.3　可　逆　性

从图 5.9（a）和图 5.10（a）的能量起伏的计算结果可以看出，纯 Y 和纯 La 吸氢时聚

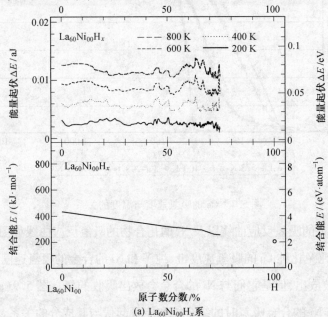

(a) $La_{60}Ni_{00}H_x$ 系

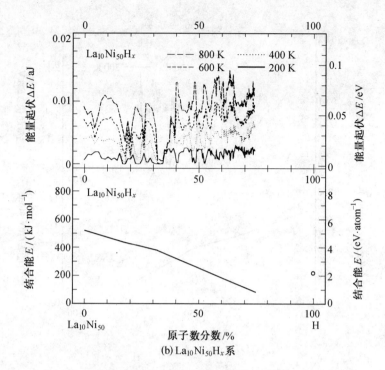

(b) $La_{10}Ni_{50}H_x$ 系

图 5.9　结合能 E 和能量起伏 ΔE 与合金成分的关系

$La_{10}Ni_{50}H_x$ 是由 10 个 La、50 个 Ni 构成的合金系

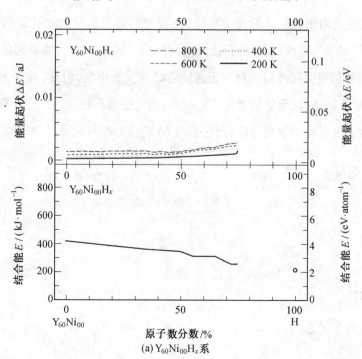

(a) $Y_{60}Ni_{00}H_x$ 系

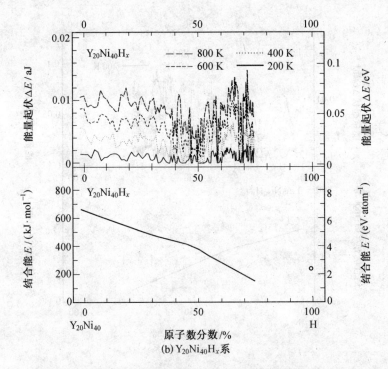

图 5.10　结合能 E 和能量起伏 ΔE 与合金成分的关系

注：$Y_{20}Ni_{40}H_x$ 是由 20 个 Y 和 40 个 Ni 构成的合金系

集的能量大，这是由于吸收了氢而变得稳定（吸氢时能量起伏的变化以两端单元素物质的能量起伏直线为基准，与其进行比较来判断由于吸氢引起的能量起伏是增大还是减小）。由于吸氢而引起的稳定对应于逆反应时难以放出氢，但是，纯 Y 和纯 La 与 Ni 的合金随着吸氢的进行，聚集的能量急剧减小，因此变得不稳定。这些计算结果与纯 Y 和纯 La 难以放出吸收的氢相对应，而它们与 Ni 的合金容易放出吸收的氢。

第6章 磁性材料

物质的磁性包括强磁性、顺磁性、抗磁性等各种磁学上的现象。此种磁学上现象的多样性,是因为物质具有阶层性。所以,为理解这些磁学上的多样性,就有必要分析物质的阶层性和磁性之间的关系。也就是说,在物质发生阶层变化时(比如,成群的电子集合成原子、成群的原子结合成分子、化合物、晶体),作为磁性的根源的一个电子带有的磁性在这个过程中是如何被复合、合成的呢? 这是必须要予以注意并加以研究的问题。

6.1 磁性的来源

就像电磁石一样,做圆周运动的电子与一个磁偶极子有着相同的作用。设电子描画出的圆形轨迹的半径为 r,电子的速度为 v,光速为 c,则磁矩 μ 为

$$\mu = \frac{e}{2c} \cdot rv \tag{6.1}$$

电子的角动量 M 是 $m(r \times v)$,所以,设磁场的方向为 z 轴,有 $Mz = mrv$。因此:

$$\mu_z = \frac{e}{2mc} \cdot M_z \tag{6.2}$$

式(6.2)适合于一般场合。即使电子不做圆周运动,或者不在垂直于磁场的面内运动,这个公式也是成立的。当然,这时 M_z 表示的是角动量在 z 方向上的分量。另外,如果使用 M_z 是由量子论导出的电子角动量的值,这个公式也可以原封不动地成立。电子存在于磁场 H 中时,由此而附加的能量为

$$W = \mu H = \frac{e}{2mc} \cdot M_z H \tag{6.3}$$

自然,在波动方程式中,除了普通的动能和势能之外,还含有这种能量。

根据式(6.3),磁场中的 p 电子根据 M_z 的3个不同的能量值 w 而有下列能量中的某一种。

$$+ \frac{e}{2mc} \cdot \hbar H, 0, - \frac{e}{2mc} \cdot \hbar H \tag{6.4}$$

同样地，一般来说磁场不存在时只有一个准位，而在磁场中，对应角动量 l 则可分为全部数量为 $2l + 1$ 个的能量准位。像这样，一个准位在磁场中分为若干个准位，叫做 Zeeman 效应。

那么，上面得到的这些结果和已经观测到的实验事实是否完全一致呢？没有磁场时是一个准位而有磁场时分为若干个准位，这是事实。但是，从以上的思路出发的话，$l = 0$ 时即使有磁场准位也应当不分裂，然而实际上是分裂成了两个。

这可根据由于 Uhlenbeck 和 Goudsmit（1925）的思想来进行解释。电子不仅仅在原子核的周围运动，同时也在做自转运动。所以可以暂时不要把电子看成点，而是把它看成类似陀螺一样自转着的小型刚体。这样，电子除了具有轨道角动量 r 以外，还具有电子自旋角动量 s。电子自转带有角动量这一现象叫做自旋。那么，s 的值是怎样的呢？为了能够说明磁场中准位分为两个这一现象，有必要选择这个值。

轨道角动量为 l 时，因为磁场而分裂的准位数为 $2l + 1$。因此，由于自旋而分裂的准位数无疑就是 $2s + 1$。因为这个数等于 2，则设 $2s + 1 = 2$ 时 s 的值必定是 1/2。这样，自旋对应于 z 方向的分量 M_{sz} 就只可能会是下面的两个值。

$$+ \frac{1}{2}\hbar, \ - \frac{1}{2}\hbar \tag{6.5}$$

这样，在磁场中，仅仅由于自旋，本来的准位分为了等间隔的两个准位。

由于自旋准位在磁场中分裂，这一现象换个角度来考虑的话，就应该理解为电子的自旋伴随着磁矩，这就好像带着电荷自旋的球带有磁矩一样。这个磁矩可以由准位分裂的大小来求得。其值与角动量为 $M_z = h$ 的电子的磁矩相等。也就是与式（6.3）相同，有以下表达式：

$$\mu_s = \frac{eh}{2mc} \tag{6.6}$$

由于自旋角动量为 $h/2$，人们也许会认为磁矩也是上述值的一半。然而并非如此。自旋的存在，乃至自旋全部的性质，都是根据量子力学和相对论必然得出的自然结论。因此，带着电荷自旋回转的刚体球的类推是巧妙而意味深长的思路，然而这样的类推是必然有其局限和范围的。

不管怎样，根据前面的分析可以认为角动量和磁矩有着式（6.2）的关系，因此自然界中的磁性其根源就存在于轨道角动量（圆电流）和自旋中。这样，对磁（矩）问题的思考,就一定要落实到电子的轨道角动量和自旋上来。因此下面展开对电子的轨道角动量和自旋问题的考虑。

电子处于 s 轨道角动量 l 为 0,自旋就是电子的角动量。这时,实际的准位只分成了两个。然而当电子的轨道角动量为 $l > 0$ 时,一些复杂的事情就发生了。这时的轨道角动量和自旋是错杂纠缠在一起的。那么,这种纠缠是怎么发生的呢?为了知道原因,先来分析一下这 2 种角动量 z 方向上的分量。全部的角动量很明显是轨道角动量(m_{lz})和自旋角动量(m_{sz})的和。也就是说,$m_z = m_{lz} + m_{sz}$。比如,一个电子其 p 状态 $l = 1$ 时 m_z 可以取的值为以下 6 种。

$$m_z = \left. \begin{matrix} 1 \\ 0 \\ -1 \end{matrix} \right] + \left[\begin{matrix} +1/2 \\ -1/2 \end{matrix} \right. = 3/2, 1/2, 1/2, -1/2, -1/2, -3/2 \tag{6.7}$$

式中,1/2 和 $-1/2$ 出现了 2 次,这是因为出现了两种组合方式(比如,$1/2 = 1 - 1/2, 1/2 = 0 + 1/2$)。

m_z 是全部角动量 z 方向上的分量。所以要把它看成表示全部角动量绝对值的一个向量分量(这个全部的角动量绝对值关系着轨道角动量和自旋 s 两方面)。用 j 来表示这个新的向量。j 表示由轨道角动量和自旋的结合而得到的全部角动量。j 的 z 分量 m_z 理应与 m_{lz} 有一样的状态,必定是以下值:

$$m_z = j, j-1, \cdots, -j$$

m_z 取以上这些值时,现在的 j 中必定就有两个不同的值。$m_z = 3/2, 1/2, -1/2, -3/2$ 时,对应的 $j = 3/2$;$m_z = 1/2, -1/2$ 时,对应的 $j = 1/2$。

这样的话,若是 p 电子,则全部角动量确实是可以取 3/2、1/2 这 2 种不同的状态。这两个状态分别对应着其自旋与轨道角动量的方向平行以及反平行的情况。全部角动量 3/2 的状态带有 4 重重合,1/2 的状态则带有 2 重重合。不管怎样,重合的数目是 $2j + 1$。

这样的两个状态即使没有外部磁场存在,实际上在能量上也稍有不同,理由如下。首先,电子沿轨道回旋的话,正像是电流以圆为轨迹流动一样,结果产生了弱的磁场。由于这个磁场和自旋之间的相互作用,自旋就会像之前讲过的那样,取磁场的方向(与轨道角动量的方向相同)或磁场的逆方向。根据它取哪个方向,当然能量就会稍有不同。分析了此能量的不同有多大后,再与原子的普通的能量准位的差相比。由轨道而得的磁性作用与将磁偶极子放在轨道中心时的作用相同,这个磁矩的大小最好由式 (6.2) 假设为 $\frac{eh}{mc}$ 的程度。最好假设自旋也有着与此相同大小的磁力矩。不言而喻,这个方向在轨道上。假设 2 个磁偶极子之间的距离为 r,那么其相互位置能量就是 μ^2/r^3。距离则最好假设大体上为玻尔半径($1/a = \frac{h^2}{me^2}$)。那么,求得的能量起伏大致上为

$$\Delta E = \left(\frac{e\,h}{mc}\right)^2 a^3 = e^2 a \left(\frac{e^2}{hc}\right)^2 \tag{6.8}$$

在这里,只有 $e^2 a$ 凑到一起出现在括号的外面。这刚好与轨道上的电子的位置能量相等,所以相当于原子的电子能量的大小。式(6.8) 中剩下的因子是 $\frac{e^2}{hc}$。这是带有 1/137 值的二次元数。所以,根据式(6.8) 可以知道:准位由于自旋、轨道的相互作用而导致的分裂,仅仅是电子的能量的 $\frac{1}{137^2}$ 这样的大小,是非常小的分裂。这样的分裂被称为光谱线的微细构造,$\frac{e^2}{hc}$ 被称为微细构造因子。

即使有外部磁场作用,j 的准位也分为 $2j + 1$ 个。例如,d 状态的一个电子的全部角动量,$j = 2 + 1/2 = 5/2$ 或者 $j = 2 - 1/2 = 3/2$,第一个准位由于磁场分为 6 个,另一个准位则分裂为 4 个。

6.2　原子的磁性

前面分析的都是一个电子的情况。然而几乎所有的原子、分子都带有非常多的电子。所以下面讨论两个电子的自旋和轨道角动量是如何结合的。如前所述,自旋和轨道角动量的结合很小。然而自旋群和轨道角动量群的结合则相当大。这样,就得到了以下规则:首先,结合电子的自旋群来求得全部自旋角动量,另外,轨道角动量群也结合电子的自旋群来求得全部轨道角动量;其次,结合全部自旋角动量和全部轨道角动量来求得全部角动量。能量准位由于此全部自旋角动量和全部轨道运动量的结合而进行的分裂常常是非常小的,其值基本上与式(6.8) 的值相同。

从以上分析可以看出,为了了解一个原子带有的磁性,需要分以下几步进行:首先,

注目于属于该原子的一个个电子带有的自旋和轨道角动量,将自旋角动量和轨道角动量分别根据向量和加以合成,接着将两者合成求得原子的全部角动量。只有知道了原子的全部角动量才能得到原子带有的磁矩。

6.3　分子、化合物、晶体的磁性

下面分析原子集合体的物质的磁性。除去一部分物质外大部分的物质都是不显示磁性的。其原因为:首先,自然界中磁性的根源在于电子的自旋和轨道角动量。其中关于自旋,不限于电子,质子和中子也有自旋。因此,这些粒子自然也带有磁矩,而质子和中子的质量比电子大得多,由式(6.2),其磁矩的大小与电子相比只有大约 $\dfrac{1}{1\,000}$ 的小值。也就是说,磁矩可以说几乎全部是由电子引起的。所以在考虑宏观物质的磁性时,首先就要求出一个原子的磁矩。为了求出一个原子的磁矩,就要着眼于属于该原子的一个个的电子带有的自旋和轨道角动量,先将自旋角动量和轨道角动量分别根据向量和加以合成,接着将两者合成来求得原子的全部角动量。知道了原子的全部角动量的就可以得到原子带有的磁矩。为了知道分子、化合物、晶体的磁矩,最好像这样将求出的原子磁矩加以合成。

这样考虑下去,就可以知道只有少数物质表现出磁性的原因,由于电子被允许拥有的能量不连续以及 pauli 不相容原理,将一个个电子带有的自旋角动量和轨道角动量根据向量和来合成后结果是 0。① 试着考虑一个孤立原子的磁矩,根据 pauli 不相容原理,电子在自旋上会形成反平行的对。另外关于轨道角动量,由于顺时针和逆时针都形成了对,磁矩的和就成了 0。因此孤立原子的状态下仅仅只是带有不对称电子的原子才显示了磁性。② 原子结合之后如果形成了分子·化合物、晶体,分子、化合物由于自旋形成了反平行的电子对而不显磁性矩,晶体则由于 Fe 费米球内的电子被收纳成对也不显磁性矩。这样共价键结合,金属键结合,离子键结合,分子键结合中的哪一个结合电子都不显磁性。结果,显示磁性的物质就仅仅局限在了与结合没有直接关系的带有内壳不成对电子的原子。

图 6.1 为单元素物质的磁性,Fe、Co、Ni 等铁族金属以及稀土类金属带有磁性。这些元素带有磁性是因为有着与结合无直接关系的内壳不成对电子。Fe、Co 以及 Ni 等铁

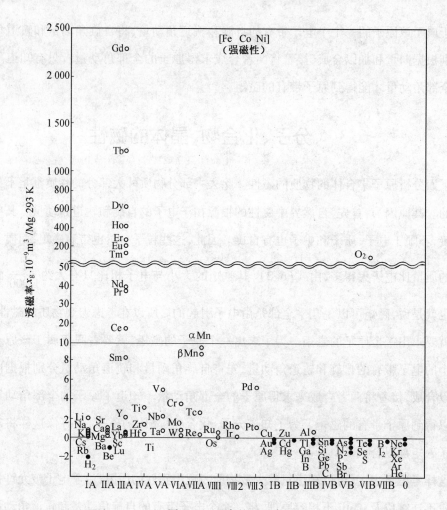

图 6.1 元素的透磁率

族过渡金属元素在 Ar 电子壳的外侧带有 $3d^n4s^2$ 的电子。Ar 电子壳的电子成对存在,所以就跟前面讲过的那样不带有磁性。4s 电子参与金属结合,而对自旋角动量和轨道角动量都没贡献。3d 电子的轨道和邻近的 3d 电子轨道混合在一起,电子不绕特定原子核做轨道运动而是一个个地绕各个原子转动,所以轨道角动量变得非常小。结果,只有自旋角动量剩了下来而有助于磁矩。

另一方面,稀土类元素中,4f 电子存在于 $5s^25p^6$ 的闭壳的内侧,所以,即使由于 $5d^16s^2$ 的外壳电子的结合而形成了晶体也不会受外界的影响,大致上有与原子的状态相同的现象。因此,与 3d 过渡金属不同,在这里轨道角动量也残留下来,与自旋角动量一起对磁矩有所贡献。由于这个轨道角动量的异方向性,稀土类金属有着比铁族过渡金属更大的晶体磁性异方向性。这些不成对电子的自旋以及轨道角动量互相平行地排列时,材料才能带有强的磁性。

6.4 物质的磁性

1. 磁性的分类

不只是铁,所有的物质一旦被放在磁场中,就会带有磁性,也就是被磁化。在这个意义上,所有的物质都是磁性体。被磁化的物质有磁极之分,也就是磁偶极子(1 对点磁极的磁荷 $-M$, $+M$) 的集合。用某一点上的磁化强度或者磁分极向量 I 来表示其分极状态的量。在被磁化的磁体中的点 A 周围取微小的单位体积部分,假设其中沿一定方向分极排列的双极子的总数为 N,那么这里的双极子的磁矩 M 的总和就是 I。也就是,

$$I = N\mu = Nml \tag{6.9}$$

然而,M 是磁荷,E 是对立的点磁极间的距离。这样,使用定义的 I 和磁化力(或者磁界强度)H,磁性体可以被分为以下几类(参照图 6.2,图 6.3)。

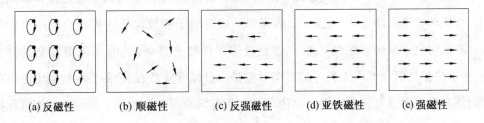

(a) 反磁性　　(b) 顺磁性　　(c) 反强磁性　　(d) 亚铁磁性　　(e) 强磁性

图 6.2 磁性的种类

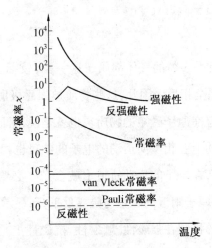

图 6.3 磁特性与温度相互关系

（1）强磁性体

Fe、Co、Ni合金，以及铝、锰、铜强磁合金（Heusler's alloy：10Al－25Mn－65Cu的合金）等都属于强磁性体，它们沿磁场方向被强烈磁化，产生的 I 与其点磁界强度 H 是同一方向。原子带有净原子磁矩，在原子磁矩间由于起作用的交换力而发生集团性协作现象，原子磁矩作为一个整体整齐排列着。根据其原子磁矩的排列方式，强磁性体可进一步分为铁磁性，亚铁磁性，寄生强磁性。铁磁性是原子磁矩在磁体的晶体内部全部平行排列。亚铁磁性是存在于晶体中某个格子点 A 上的原子磁矩和存在于其他格子点 B 上的原子磁矩互相反平行排列，并且 A 格子点上的原子磁矩比 B 格子点要强，所以由此差额而产生自发磁化。寄生强磁性（ $A－Fe_2O_3$ 等）产 A 格子点的原子磁矩和 B 格子点的原子磁矩强度几乎相等，方向相反，而一部分的 B 格子点的原子磁矩反转进而显示出少许的自发磁化。再有就是钢等强磁性体即使没有外部磁场也能保持强磁化状态。称之为"永久磁石"。

（2）顺磁性体

Mn、Pt、Al 以及空气、氧气等都属于这一类，很稀少，沿磁界方向被磁化，I 和 H 同方向。常磁体也带有净磁矩（也就是，内壳的不成对电子和价电子的内化合物中有些残留有不成对电子而带有磁性），但不像强磁体那样整齐排列，此原子磁矩完全是自由的，由于热振动而全然取无秩序的方向。但是一旦温度降低，磁矩的方向就会沿磁界的方向整齐排列而显示出顺磁性。自由电子在无磁场时带有互相反平行的自旋而彼此抵消了磁矩，而有磁场作用时，此自由电子在能量上稳定化，将其自旋移至与磁界平行方向的电子的量增加，则也显示顺磁性。

（3）抗磁性体

Bi，Sb，Cu，Au，水以及大多数的气体都属于这一类，较稀少，沿与磁界相反方向被磁化，I 与 H 的方向正好完全相反。因此，这些物质被强磁极所排斥反弹。抗磁性体不带有不成对电子，是不带有净原子磁矩的物质。也就是说，沿原子核周边旋转的电子的自旋是反平行的，轨道运动上互相反向运动的电子的数目也相等，所以也不带纯的回转电流。但是一旦加上磁场，在电子的运动轨道上就会产生必要抑制外来磁场的诱导电流。由此电流而来的单个原子附近的磁矩与磁界反平行，显示抗磁性。

如上所述，物质带磁的机制在强磁性、顺磁性、抗磁性上是完全不同的。发生相互作用的物质层面是完全不同的。因此，在强磁性体和顺磁性体上都存在抗磁性。但是，抗磁性效果与强磁性相比自然很小,即使与顺磁性比也很小,所以被掩盖和隐藏了。

2. 强磁性和磁性材料

从前面分析已知,顺磁性和抗磁性的磁矩小到只有强磁性的$\frac{1}{1\,000} \sim \frac{1}{10\,000}$,因此只有强磁性中的铁磁性和亚铁磁性才能被作为磁性材料使用,所以下面就着重分析铁磁性和亚铁磁性。

大家知道,铁原子即使相互结合成了晶体,也会带有由 3d 电子的自旋角动量引起的磁矩。各个磁矩之间,交换力和引力相互作用使其方向整齐,结果产生了自发磁化(自发磁化的强度用 I 表示)。如果整个磁性体中的所有磁矩都整齐排列,就会产生与其逆向的磁界。这个磁界被称为反磁界,被置于自身产生的反磁界中的磁矩会带有很大的静磁能量。为了使这个由反磁界引起的静磁能量下降,可将整个磁性体分割为若干小磁区,磁矩只在该磁区内部整齐排列。磁区的边界是一个自旋的整齐序列,但呈现出混乱的面状领域,称之为磁壁。每个磁区自旋的方向有变化,所以磁性体全体平均向量的磁化强度 I 比 I_s 小得多。这样,强磁性体的特征就是:构成了磁区构造,磁矩只在磁区内部整齐排列。

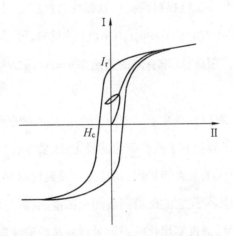

图 6.4　磁化曲线的示意图

将强度 H 的磁界加于强磁性体,产生与之对应的磁化强度(合成磁矩)I,则可得到磁化曲线($I - H$ 曲线)。从被消磁状态($I = 0$)出发达到饱和(I_s)的磁化曲线称为初磁化曲线,如图 6.4 所示。最初直线出发然后极激烈地上升,不久就经过一个被称为"膝"的曲线,带着渐缓的倾斜而渐近于饱和。最初的直线的倾斜度,$\chi_i = I/\mu_0 H$(μ_0 是真空的透磁率）称为初磁化率。这个磁化过程中发生磁壁移动的主要是到"膝"为止的部分，之后则是磁区的回转作为支配性的机制起作用。但是这样的磁化机制的分配或者磁化曲线的形状依材料的种类不同而有所变化。

达到饱和之后若减少磁界的强度 H，磁化曲线也不会沿原先的路径返回，即使 $H = 0$，也残留有有限的磁 I_r，称为剩余磁化。如果增加逆向上的磁界，$H = H_c$ 的磁界强度时 $I = 0$。这时的磁界强度称为保磁力。经过这一点后再次达到逆向上的饱和。如果反转磁界，如同图中看到的那样，沿着关于原点对称的曲线回到最初的饱和的位置。这一圈路径称为磁滞回线，这个圈围起来的面积表示这个磁化周期中外部磁界做的功。一圈下来，材料会回到原始的状态，做的功以热能的形式散逸，称之为磁滞损失。

如从初磁化曲线或者磁滞回线的中途将磁化的方向反转，如图 6.4 所示，就得到了完全不同的磁滞回线，称之为小磁滞回线。如果用坐标 (I, H) 表示磁化状态，被磁滞回线包围的范围内的任意磁化状态都可以通过画适当的小磁滞回线而得以实现。这样的磁化过程的履历现象是强磁体的显著特征。

实用磁性材料就是利用这样的强磁性体的磁化过程特性的材料，从应用的观点来看可以分为软磁性材料和硬磁性材料两类。软磁性材料就是利用"低的 H、能够诱导高的磁束密度 B（磁束密度 B 的定义是 $B = \mu_0 H + I$）"的材料，可用作变压器的铁心和发动机或者电磁石的续铁等。因此，要求有高的透磁率 $\mu = B/(\mu_0 H)$，低的保磁力 H_c 和小的磁滞损失。

另一方面，硬磁性材料以永久磁石为代表，利用了由高的残化磁量而形成的静磁界，可用于电流计、扬声器等。为了残留磁化的稳定性，要求有高的保磁力，而为了增高外部形成的磁界，要求有大的最大能量积 $(BH)_{max}$。硬磁性材料是在用高的磁界磁化一次的状态下使用的，所以不使用它的磁滞回线的全部范围，而是仅仅关注磁滞回线的第二象限的部分。与此相反，最近实用化的磁记录材料是硬磁性材料的一种，却使用全部象限的磁滞回线。这种动作范围涉及全部磁滞的硬磁性材料称为半硬磁性材料。

3. 软磁性材料

软磁性材料如前所述，要求有高的初透磁率 μ_i 和低的保磁力 H_c 等性质。本节将讨论如何得到同时具有高透磁率和低保磁力的优秀软磁性材料。

透磁率和保磁力关系到材料的磁化过程，所以透磁率高，相当于是说往材料上加上磁化力使之容易被磁化。另一方面,保磁力低,相当于是说被磁化过一次的材料的磁分极容易消失。然而,材料能够具有磁性,是由于原子的磁矩。因此,所谓的在磁化力作用下物质被磁化,相当于这个原子的磁矩的方向沿磁界方向整齐排列。这个原子的磁矩变得与磁界方向同向的过程机制,是磁壁的移动和磁区的回转。结果,透磁率高而保磁力低,其实意味着磁壁的移动和磁区的回转容易发生。下面分析使磁壁移动和磁区回转容易发生或很难发生的主要因素。

假设磁壁移动后使其位置逐个地变化。这个磁壁移动的过程中,假设有一些类似障碍物的东西存在,根据这个障碍物的位置就有易于移动的地方和难于移动的地方—— 这相当于说:对于磁壁有势能存在,磁壁的能量根据位置而有所变化。那么,对这个磁壁移动来说相当于障碍物的东西,产生势能的东西,究竟是些什么样的东西呢? 这个东西结果上可以与电子的磁矩相互作用,因此就是物质物理上、化学上的不均一和起伏。物理以及化学上的不均一,是由于粒界、表面、其他的晶体缺陷,试验材料的形状、大小,异相、析出物、夹杂物等存在;起伏是由于不纯物、偏析、歪(歪与磁歪相互作用)的存在。物理上以及化学上的不均一性和起伏对磁区回转同样很重要,并且晶体各向异性等的不同方向性也很重要。

这样,在软磁性材料的应用、制造或者开发时应考虑如下因素:

① 选择磁歪参数小的材料;

② 选择晶体各向异性小的材料;

③ 减少内部应力,为此有必要控制氧、碳、氮元素等不纯物,做出均一的合金并充分回火;

④ 减少非磁性夹杂物或者空位。

另外,作为没有这些物理上、化学上的不均一和起伏以及各向异性的材料,非晶态合金是划时代的、理性的软磁性材料。关于非晶态材料的软磁性,可以参照4.6节的⑤软磁性的部分。

4.硬磁性材料

硬磁性材料要求有高的残留磁化、高的保磁力、大的最大能量积等性质。为了得到高的残留磁化,首先,材料被最大磁化时的磁化强度(饱和磁化)I_s自身必须很大。其次,被磁化一次后得到的大的饱和磁化必须没有消失而是残留。这样,高的残留磁化就意味着:物质能够带有的最大磁矩自身很大,并且被磁化一次后显示出大的抵抗消磁的能力,被磁化后的状态稳定。高的保磁力与大的最大能量积在结果上也能够还原至大的饱和磁化和对应于大的抵抗消磁能力。

为了达到大的饱和磁化,应从以下原则考虑:

(1) 如果考虑到磁的根源在于原子(追根溯源是电子)的磁矩,那么物质能够带有的最大磁化强度,就必定是构成材料的原子本身具有大的磁矩。因此,元素就被限定在具有内壳不成对电子的 3d 过渡金属和 4f、5f 稀土类元素。稀土类元素的磁性电子为 4f、5f 电子,所以其电子数比铁族金属的 3d 电子数要大些,因此,原子的磁矩比铁族大。最大的 Dy 和 Ho 达到了每 1 原子 10 μb,其每单位体积的磁化也比 Fe 大 50%。基于此可在稀土类元素中得到非常优秀的硬磁性材料。

(2) 强磁性体带有磁区。其磁矩的方向在每个磁区中都有变化,所以平均下来互相抵消使得整个磁性体的磁矩非常小。于是将磁区整齐排列就显得尤为重要。具体方法有以下几种:利用晶体磁异方性(例如,铁 < 100 > 方向特别容易被磁化) 将容易磁化的方向整列于磁界方向的方法(比如硅素钢板);利用晶体成长的各向异性整列容易磁化方向的方法;一边加上磁界,一边热处理进而整列磁区的方法;制造成单磁区粒子再将之整齐排列的方法。

另外,为了增加对消磁的抵抗进而使磁化状态稳定,有必要造出一些对磁壁移动和磁区回转不利的障碍物。可利用物理和化学上的不均一性和起伏,各向异性,来抑制磁壁移动和磁区回转。具体地说,可以加入合金元素使得磁壁固着,或者通过加工、热处理使析出,以此来妨碍磁壁移动和磁区回转。

5. 关于硬磁性材料的其他问题

实际上作为磁性材料,要利用物质的磁性,除了考虑磁性外,还必须考虑到其他很多问题。主要是能量损失和加工性问题。就前者而言,金属磁性材料不仅磁滞损失很重要,而且涡电流损失也很重要。涡电流损失以周波数的平方为比例增大,通常可以把材料做成薄片和粉末来绝缘,尽量阻止涡电流流动。非晶态材料的电阻比晶态金属要大,形状又很薄,所以这点容易实现。身为氧化物的铁酸盐,能够无视涡电流,所以被认为是理想的材料,预计会在不久的将来替换掉目前的金属磁性材料。

另外,加工性的问题也很重要。遗憾的是,很多磁性材料加工都很难。可以使用塑料磁石(也称为树脂磁石、bond 磁石)。与烧结磁石比起来,只是非磁性的塑料这一部分其磁化和保磁力减少,而从能量积的角度来看,由两者相乘而起作用,所以只有烧结磁石的 50% ~ 70%。尽管如此,塑料磁石之所以被采用,不仅在于它与烧结磁石的难以加工相比具有很好的加工性,而且在于只要有金属模型就可以加工成任何复杂的形状。磁石粉使用铁酸盐,$SmCo_5$,Sm_2Co_{17} 合金,塑料的使用方法则有使用热硬化性树脂后挤压成形的方法和使用热可塑性树脂后射出成形的方法。

6.5 永久磁石材料的开发历史

1917 年本田博士等人发明 KS 钢之后开始了永久磁石材料的开发。那时将只有 4 kA/m 程度的保磁力一举改良至 16 kA/m。接着,三岛博士等人制造出 MK 钢,使保磁力向上达到了 40 kA/m。这个 MK 钢是 2 相分离型磁石,可以说是铝、镍、钴合金磁石(Al - Ni - Co - Fe 系磁石)的原型。1933 年加藤、武井等人发现了 OP 磁石。这是钴、铁酸盐磁石,具有金属材料不具备的强大保磁力。这些就是第二次世界大战以前磁石开发历史上的重要发明。也就是说,KS 钢是设计以磁石为目的合金的先驱,MK 钢和 OP 钢,一直到今天也是工业上重要的钴磁石和铁酸盐磁石(Ba-Ferrite,Sr-Ferrite)的原形。

美国的 Hoffer 等人于 1966 年发现,Y 和 Co 的金属间化合物具有非常大的晶体磁各向异性参数。以单磁区粒子理论的角度来看,这个结果预示着高保磁力磁石材料的可能性,以此为契机,开始了稀土类磁石的开发。1967 年,制得了 1 Hc = 640 kA/m,最大磁能量积 $(BH)_{max} = 41$ kJ/m^3 的 $SmCo_5$ 的微粒子磁石,1969 年达到了 $(BH)_{max} = 147$ kJ/m^3。另外,为了得到工业上高性能的磁石而进行了改良,特别是利用烧结法、液相烧结法等使得最大磁能量积的值上升,1971 年用 Pr 替换了一部分 Sm 之后得到了 207 kJ/m^3。

1 - 5 型稀土类钴磁石的开发于 1973 年暂告一段落,之后为了求得更高的磁石特性,研究开始移向 2 - 17 型稀土类钴化合物。2 - 17 型稀土类钴化合物拥有比 1 - 5 型稀土类钴化合物更高的饱和磁化,所以若拥有高的保磁力,就希望它能拥有凌驾于 1 - 5 型之上的磁能量积。为了产生保磁力,可以添加 Cu、进行适当的热处理,之后 2 相分离,析出硬化;为了 2 相分离,可以添加微量的 Zr 等;为了提高饱和磁束密度,可以用 Fe 替换一部分的 Co。这样,终于在 1980 年得到了凌驾于 1 - 5 型稀土类钴磁石之上的 260 kJ/m^3 的 $(BH)_{max}$。

1983 年,佐川等人在与从前的稀土类磁石完全不同组成的 Nd－Fe－B 系中得到了 300 kJ/m³ 的磁能量积,并将结果发表。其后又发表了"这种磁石显示了 $(BH)_{max}$ = 405 kJ/m³ 这样令人惊讶的值"的成果,为世界所瞩目。担负起这种磁性的相,是用正方晶的 $Nd_2Fe_{14}B$ 表示的金属间化合物(参照图 6.5)。这个 Nd－Fe－B 磁石之所以被人们注意,还有一个原因是:这种磁石具有高的磁石特性,却使用在资源上比 Sm 更丰富的 Nd,并且不以 Co 为必须的元素,所以人们期待着这样资源上可以更稳定,价格上可以更便宜。

不含 Co,使用 Fe 和轻稀土类元素(La、Ce、Pr、Nd)的磁石开发曾是很多研究者的课题。然而,例如 Fe－Nd 二元系中,仅仅 $Fe_{17}Nd_2$ 和 Fe_2Nd 相是平衡相,由这些平衡相组成的材料中,保磁力最多只达到了 8 ～ 16 kA/m,作为永久磁石材料是不适当的(最近,又有若干报告称 Fe_2Nd 相是不存在的)。该如何解决这些问题? 佐川等人有如下的新材料开发上的指导方针。

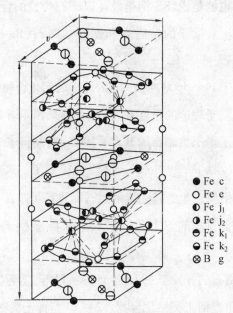

图 6.5　$R_2Fe_{14}B$ 的晶体构造模型

① 在 R(稀土类元素)－Fe－X 的 3 元系乃至 4 元系中求稳定相。

②R－Fe－X 的居里温度非常高,又有 1 轴的晶体磁各向异性。为此,X 必须是能够增大 Fe 的原子间距离或者减少 Fe 原子周围的 Fe 原子数的元素。

③ 把每单位体积的 Fe 原子减得太少对磁束密度来说不适合,所以必须和第 ② 点有所调和。

④ 得到的稳定相用通常的粉末冶金的方法来磁化。于是,用磁界中压按等简单方法就能得到各向异性磁石,如果可以用液相烧结法等,就更好了。

对主要的磁石的开发历史和特性总结于图 6.6 和表 6.1。

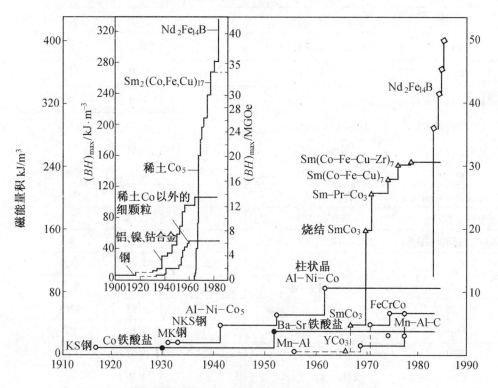

图 6.6 从磁性能量积的角度看到的永久磁石历史

表 6.1 各种永久磁石材料的磁特性

名 称	成分, wt%	磁气特性		
		$H_c/(kA \cdot m^{-1})$	B_r/G	$(BH)_{max}/(kJ \cdot m^{-3})$
碳素钢	0.9C, 1Mn	4.0	1.0	1.6
W 钢	6W, 0.7C, 0.3Mn	5.2	1.05	10.4
Cr 钢	0.9Cr, 0.6C, 0.4Mn	4.0	1.0	1.6
	3.5Cr, 1C, 0.4Mn	5.2	0.95	2.4

续表 6.1

名　称	成分, *wt%*	磁气特性		
		$H_c/(\text{kA} \cdot \text{m}^{-1})$	B_r/G	$(BH)_{\text{max}}/(\text{kJ} \cdot \text{m}^{-3})$
KS 钢	36Co, 7W, 3.5Cr, 0.9C	18	1.0	7.2
Co–Cr 钢	16Co, 9Cr, 1C, 0.3Mn	14	0.8	4.8
磁钢	12Co, 17Mo(W)	20	1.05	9.6
MK 钢	25Ni, 12Al	38	0.7	11.2
OP 磁石	$(3\text{CoO} + \text{FeO})\text{Fe}_2\text{O}_3$	52	0.25	9.6
新 KS 阿尔尼科	27.2Co, 17.7Ni, 3.7Al, 6.7Ti,	72	0.6	16
铝镍钴磁钢 2	12Co, 17Ni, 10Al, 6Cu	45	0.73	13.6
铜镍铁永磁合金	20Ni, 60Cu	44	0.54	12
Pt–Co	77Pt, 23Co	239	0.5	36
铜镍钴永磁合金	29Co, 50Cu, 21Ni	53	0.34	7.2
维卡钒钴铁磁性合金	52Co, 10V	16	1.15	12
阿尔尼科铝镍钴磁钢 5	24Co, 14Ni, 8Al, 3Cu	46	1.25	36
Mn–Bi	20Mn, 80Bi	263	0.42	33.6
Ba	$\text{BaO} \cdot 6\text{Fe}_2\text{O}_3$	263	0.42	8.0
铁粉末磁石	100Fe	61	0.57	12.8
Mn–Al	72Mn, 28Al	219	0.43	28
SmCo_5	34Sm, 66Co	621	0.93	161.6
Fe–Cr–Co 磁石	23Co, 31Co, 1Si	64	1.2	40
Fe–Nd–B	27Nd, 72Fe, 1B	915	1.25	295

6.6　稀土元素对磁性的影响

稀土类元素的添加对磁性有很大改善。原因主要有以下几点:① 稀土类元素拥有极大的电负性,会从其他元素那里夺取电子;② 稀土类元素把从其他元素那里夺来的电子收容进它的 f 轨道,③ 稀土类元素的 f 轨道是内壳轨道,因此不被用来与相邻原子结合。而那些被用来与相邻原子结合的电子对磁性没有贡献。不用于与相邻原子结合,但成对的电子(孤立电子对)也对磁性没有丝毫贡献。考虑到这些,就会明白稀土类元素是对磁性来说意味很深并且很重要的元素。之所以这样说,是因为稀土类元素的电负性很大,会从其他原子那里夺取电子。进一步,这个电子被收容进 f 轨道。f 轨道是内壳轨道,所以不用于与相邻原子的结合。因此,被收容进 f 轨道的电子就不会成对,这样就会有助于磁性的产生。f 轨道最多可以收容 14 个电子。当电子塞满 f 轨道时,根据 Hund 的法则,直到 7 个,电子不会成对。因此自旋变得平行,有助于磁性的产生。并且不仅仅是移至稀土类元素那边的电子对磁性有所贡献,而且残留在 Fe、Co、Ni 一侧的电子为不成对电子则也会有助于磁性产生。

从这个角度出发来分析稀土类元素加入强磁性物质的 Fe、Co、Ni 中时电子的行为。在 88 个铁原子的球形 cluster、86 个 Co 原子的球形 cluster、86 个 Ni 原子的球形 cluster 的正中央任意放入一个其他元素的时候,这个元素的原子数和原子结合数的计算结果分别见表 6.2,6.3,6.4。从这些计算结果来看可以得到下面的结果:① 从原子结合数的角度来看,稀土类元素(指 Ce 之后的稀土类)的原子结合数比纯 Fe 的 0.097,Co 的 0.070,Ni 的 0.049 都要小,因此稀土类元素与相邻原子的结合很小;② 从原子数的角度来看,稀土类元素比中性孤立原子时明显地带有更多的电子,带有的电子数接近 f 轨道能够收容的最大电子数 14 个。"14 个"这个数字,意味着被 f 轨道收容的电子成了对。然而,这个数是把一个稀土类元素放置于 Fe、Co、Ni 的 cluster 中时的数值。因此,增加稀土类元素的添加量的话,这个数变小,电子不会成对,就出现了改善磁性的可能。这样,如上所述,添加稀土类元素可以改善磁性。利用 Hund 法则,可以知道 f 轨道的电子为 7 个以下的稀土类是有利于磁性的。也就是说,从 Ce 到 Lu 的稀土类元素中,前半部分稀土类元素是有利的。后半部分稀土类元素,由于 f 轨道中的电子成对,所以对磁性无贡献。如上所述,添加至 Fe 和 Co,被实际应用于工业的稀土类元素是位于 Nd,Sm 等前半段的元素。制作合金时,如果稀土类元素的磁性质全部产生效果,那么磁矩很大的 Dy 和 Ho 理应是最为有效的,然而,实际上,加入 Co,Fe 中以制作合金最为有效的不是 Dy 和 Ho,而是 Nd,Sm。因此,在稀土类磁石的理论分析上,必须考虑过渡金属和稀土类元素之间的电子流。这也是需要假设"流向稀土类一侧的电子也好,残留在过渡金属一侧的电子也好,都作为不成对电子而存在"才可以说明的。

表6.2 Fe溶剂中的各种元素的原子数和原子结合数

Fe88X族
原子数
原子结合数

1	2	3	4	5	6	7	8	9	10	11	12	13	14	15	16	17	18
1 H 1.341/0.036																	2 He
3 Li −0.774/−0.032	4 Be 1.578/0.092											5 B 3.073/0.113	6 C 5.273/0.102	7 N 7.320/0.040	8 O 7.831/0.009	9 F 7.956/−0.001	10 Ne
11 Na −1.329/−0.079	12 Mg 0.847/0.064											13 Al 1.829/0.092	14 Si 3.038/0.114	15 P 4.344/0.121	16 S 5.666/0.106	17 Cl 6.759/0.074	18 Ar
19 K −3.005/−0.188	20 Ca −0.055/0.020	21 Sc −0.154/0.005	22 Ti 1.034/0.066	23 V 1.809/0.090	24 Cr 2.867/0.108	25 Mn 4.525/0.115	26 Fe 7.106/0.097	27 Co 9.523/0.063	28 Ni 10.177/0.054	29 Cu 10.606/0.050	30 Zn 1.365/0.077	31 Ga 2.075/0.095	32 Ge 3.709/0.113	33 As 4.121/0.122	34 Se 5.124/0.118	35 Br 6.050/0.100	36 Kr
37 Rb −3.561/−0.218	38 Sr −0.576/−0.011	39 Y −0.640/−0.020	40 Zr 1.147/0.066	41 Nb 1.901/0.088	42 Mo 3.243/0.107	43 Tc 5.646/0.106	44 Ru 9.132/0.060	45 Rh 10.004/0.045	46 Pd 10.337/0.039	47 Ag 10.467/0.037	48 Cd 1.204/0.079	49 In 1.892/0.097	50 Sn 2.794/0.116	51 Sb 3.641/0.127	52 Te 4.436/0.129	53 I 4.128/0.129	54 Xe
55 Cs −4.616/−0.263	56 Ba −2.737/−0.184	57 La −0.005/−0.063	72 Hf 1.219/0.070	73 Ta 1.985/0.095	74 W 3.170/0.114	75 Re 5.162/0.119	76 Os 7.969/0.088	77 Ir 9.721/0.055	78 Pt 10.205/0.045	79 Au 10.416/0.041	80 Hg 1.050/0.056	81 Tl 1.831/0.094	82 Pb 2.736/0.116	83 Bi 3.507/0.127	84 Po 4.217/0.132	85 At	86 Rn
87 Fr	88 Ra 0.808/0.018	89 Ac 1.076/0.054															

58 Ce	59 Pr	60 Nd	61 Pm	62 Sm	63 Eu	64 Gd	65 Tb	66 Dy	67 Ho	68 Er	69 Tm	70 Yb	71 Lu
14.051/0.062	14.455/0.062	14.651/0.064	14.741/0.065	14.813/0.067	14.865/0.070	14.892/0.071	14.923/0.073	14.916/0.073	14.920/0.074	14.910/0.074	14.939/0.076	14.917/0.076	14.300/0.034

90 Th	91 Pa	92 U	93 Np	94 Pu	95 Am	96 Cm	97 Bk	98 Cf	99 Es	100 Fm	101 Md	102 No	103 Lr

表 6.3　Co 溶剂中的各种元素的原子数和原子结合数

每格数值说明：Fe88X 族／原子数（上）／原子结合数（下）

1	2	3	4	5	6	7	8	9	10	11	12	13	14	15	16	17	18
1 H 1.273 0.026																	2 He
3 Li −0.931 −0.046	4 Be 1.448 0.078											5 B 2.764 0.089	6 C 4.630 0.078	7 N 7.178 0.026	8 O 7.858 0.001	9 F 7.962 −0.004	10 Ne
11 Na −1.499 −0.094	12 Mg 0.707 0.049											13 Al 1.710 0.077	14 Si 2.795 0.092	15 P 3.960 0.094	16 S 5.264 0.084	17 Cl 6.457 0.061	18 Ar
19 K −3.235 −0.204	20 Ca −0.238 −0.004	21 Sc −0.315 0.013	22 Ti 0.740 0.036	23 V 1.391 0.056	24 Cr 2.192 0.072	25 Mn 3.428 0.083	26 Fe 5.387 0.085	27 Co 7.881 0.070	28 Ni 9.558 0.051	29 Cu 10.490 0.040	30 Zn 11.280 0.065	31 Ga 1.932 0.079	32 Ge 2.851 0.092	33 As 3.792 0.097	34 Se 4.757 0.093	35 Br 5.714 0.080	36 Kr
37 Rb −3.814 −0.234	38 Sr −0.765 −0.028	39 Y −0.817 −0.037	40 Zr 0.928 0.043	41 Nb 1.551 0.061	42 Mo 2.533 0.076	43 Tc 4.398 0.084	44 Ru 7.347 0.071	45 Rh 9.383 0.047	46 Pd 10.194 0.033	47 Ag 10.384 0.030	48 Cd 11.095 0.067	49 In 1.742 0.081	50 Sn 2.577 0.097	51 Sb 3.357 0.104	52 Te 4.125 0.105	53 I 3.765 0.105	54 Xe
55 Cs −4.927 −0.279	56 Ba	57 La −0.406 0.029	72 Hf 1.013 0.049	73 Ta 1.653 0.067	74 W 2.542 0.082	75 Re 4.124 0.093	76 Os 6.473 0.088	77 Ir 8.706 0.065	78 Pt 9.828 0.045	79 Au 10.283 0.035	80 Hg 10.956 0.046	81 Tl 1.652 0.079	82 Pb 2.507 0.098	83 Bi 3.250 0.107	84 Po 3.939 0.111	85 At	86 Rn
87 Fr 0.729 0.010	88 Ra −2.926 −0.196	89 Ac 0.988 0.042															

58 Ce	59 Pr	60 Nd	61 Pm	62 Sm	63 Eu	64 Gd	65 Tb	66 Dy	67 Ho	68 Er	69 Tm	70 Yb	71 Lu
12.895 0.032	13.964 0.029	14.292 0.032	14.422 0.034	14.510 0.036	14.573 0.039	14.608 0.041	14.643 0.043	14.646 0.045	14.654 0.046	14.650 0.047	14.680 0.049	14.661 0.049	14.100 0.012
90 Th	91 Pa	92 U	93 Np	94 Pu	95 Am	96 Cm	97 Bk	98 Cf	99 Es	100 Fm	101 Md	102 No	103 Lr
												14.100 0.012	

表 6.4　Ni溶剂中的各种元素的原子数和原子结合数

图例：
Co86X族
原子数
原子结合数

1	2	3	4	5	6	7	8	9	10	11	12	13	14	15	16	17	18
1 H 1.246/0.026																	2 He
3 U -1.035/-0.057	4 Be 1.258/0.069											5 B 2.397/0.078	6 C 4.018/0.071	7 N 7.441/0.023	8 O 7.840/0.004	9 F 7.954/-0.002	10 Ne
11 Na -1.579/-0.103	12 Mg 0.655/0.047											13 Al 1.522/0.068	14 Si 2.467/0.081	15 P 3.526/0.084	16 S 4.863/0.080	17 Cl 6.261/0.060	18 Ar
19 K -3.308/-0.212	20 Ca -0.394/0.011	21 Sc -0.482/-0.027	22 Ti 0.357/0.015	23 V 0.846/0.033	24 Cr 1.385/0.046	25 Mn 2.277/0.070	26 Fe 3.452/0.077	27 Co 5.636/0.076	28 Ni 9.410/0.049	29 Cu 10.551/0.036	30 Zn 11.143/0.058	31 Ga 1.730/0.070	32 Ge 2.535/0.081	33 As 3.401/0.086	34 Se 4.358/0.086	35 Br 5.406/0.078	36 Kr
37 Rb -3.886/-0.241	38 Sr -0.889/-0.040	39 Y -0.935/-0.049	40 Zr 0.593/0.025	41 Nb 1.041/0.040	42 Mo 1.569/0.053	43 Tc 2.734/0.062	44 Ru 5.078/0.065	45 Rh 9.196/0.034	46 Pd 10.062/0.023	47 Ag 10.258/0.020	48 Cd 10.964/0.060	49 In 1.550/0.072	50 Sn 2.289/0.086	51 Sb 3.002/0.093	52 Te 3.751/0.097	53 I 3.421/0.100	54 Xe
55 Cs -5.018/-0.286	56 Ba -2.970/-0.200	57 La -0.830/0.007	72 Hf 0.683/0.031	73 Ta 1.146/0.048	74 W 1.733/0.059	75 Re 2.723/0.070	76 Os 4.503/0.075	77 Ir 7.356/0.063	78 Pt 9.752/0.032	79 Au 10.162/0.025	80 Hg 10.894/0.040	81 Tl 1.468/0.070	82 Pb 2.232/0.087	83 Bi 2.917/0.097	84 Po 3.589/0.102	85 At	86 Rn
87 Fr	88 Ra 0.672/0.005	89 Ac 0.919/0.033															

58 Ce	59 Pr	60 Nd	61 Pm	62 Sm	63 Eu	64 Gd	65 Tb	66 Dy	67 Ho	68 Er	69 Tm	70 Yb	71 Lu
3.139/0.024	13.042/0.008	13.929/0.009	14.085/0.011	14.167/0.014	14.223/0.017	14.257/0.019	14.294/0.022	14.303/0.023	14.319/0.025	14.322/0.026	14.354/0.028	14.344/0.028	13.864/-0.005

90 Th	91 Pa	92 U	93 Np	94 Pu	95 Am	96 Cm	97 Bk	98 Cf	99 Es	100 Fm	101 Md	102 No	103 Lr

参考文献

[1] ジョン,ホーガン.科学の終焉[M].筒井康隆監修,竹内薫,訳.東京:徳間文庫, 2000.

[2] ヘーゲル G W F.哲学史講義[M].東京:長谷川宏訳河出書房,1997.

[3] ダンネマン.大自然科学史(1~12)[M].安岡徳太郎,訳編.東京:三省堂,1977.

[4] 山本悟.新しい反応速度論の試み[M].東京:昭和堂,1979.

[5] 山本悟,田辺晃生.エネルギー,エントロピー,温度[M].東京:昭和堂,1981.

[6] 山本悟,田辺晃生.科学と認識構造[M].東京:昭和堂,1984.

[7] 山本悟,田辺晃生.新しい材料科学[M].東京:昭和堂,1990.

[8] ボーム D.量子論[M].高林武彦他,訳.東京:みすず書房,1964.

[9] ランダウ,リフシッツ.量子力学[M].東京:東京図書,1974.

[10] ランダウ,リフシッツ.統計物理学[M].小林他,訳.東京:岩波書店,1972.

[11] シッフ.量子力学[M].井上健,訳.東京:吉岡書店,1975.

[12] YAMAMOTO S. Cohesive Energy and Energy Fluctuation as a Measure of Stability of Alloy Phases[J]. Acta Materialia, 1997 (45):3825.

[13] KNIGHT,ALLEN.量子光学の考え方[M].氏原紀公雄,訳.東京:内田老鶴圃, 1991.

[14] ファインマン R P.光と物質のふしぎな理論[M].釜江,大貫,訳.東京:岩波書店,1995.

[15] 米澤貞次郎,永田親義.三訂量子化学入門 [M].京都:化学同人,1983:83.

[16] 時田澄男,富永信秀.BASICによる分子軌道計算入門[M].東京:共立出版, 1987.

[17] RICHARDSON W J W, NIEUWPOORT C, POWELL R R, et al. Approximate Radial Functions for First-Row Transition-Metal Atoms and Ions. I. Inner−Shell,3d and 4s Atomic Orbitals [J]. J. Chem. Phys., 1962 (36):1057.

[18] 幸田成康.金属物理学序論[M].東京:コロナ社,1964:46.

[19] 日本金属学会.金属データブック[M].東京:丸善,1957:42.

[20] PEARSON W B. A Handbook of Lattice Spacing of Metals and Alloys Volume2[M]. New York:Pergamon press, 1967.

[21] MULLIKENR S. Electron Population Analysis on LCAO-MO Molecular Wave Functions[J]. J. Chem. Phys., 1955 (23): 1833, 1841,2338,2343.

[22] ポーリング L. 化学結合論[M]. 小泉正夫,訳. 東京:共立出版,1971.

[23] サンダーソン R T.化学結合と化学エネルギー[M]. 坪井,武貞,訳. 東京:講談社,1979.

[24] フィリップス J C.半導体結合論[M]. 小松原,訳. 東京:吉岡書店,1976.

[25] データブック.元素の物理的性質[M]. ゲ,ヴェ,サムソノフ,監修. 遠藤,訳. 東京:日ソ通信社,1976.

[26] 山本悟,田辺晃生.新しい材料科学[M]. 東京:昭和堂,1990.

[27] 桐山良一,桐山秀子.構造無機化学Ⅰ,Ⅱ[M]. 東京:共立出版,1973.

[28] 桐山良一.構造無機化学Ⅲ[M]. 東京:共立出版,1973.

[29] GRIGOROVICH V K. The Metallic Bond and the Structure of Metals[M]. New York: NOVA Science Publisher, 1989.

[30] グリーンウッド N N.イオン結晶[M]. 佐藤,田巻,訳. 東京:培風館,1974.

[31] 伊藤尚夫.金属元素の化学[M]. 東京:培風館,1972.

[32] グラスドン S,レイドラー K J,アイリング H.絶対反応速度論[M]. 長谷川,平井,後藤,訳. 東京:吉岡書店,1968.

[33] 日本化学会.化学の原典:(5)反応速度論;(6)化学反応論[M]. 東京:東京大学出版会,1976.

[34] 広田鋼蔵他.反応速度[M]. 東京:共立出版,1974.

[35] 日本化学会.非平衡状態と緩和過程[M]. 東京:東京大学出版会,1974.

[36] レヴィン R B,バーンステイン R B.分子衝突と化学反応[M]. 井上,訳. 東京:東京大学出版会,1976.

[37] 大木道則,田中元治,田丸謙二.化学反応とその機構(岩波講座現代化学8)[M]. 東京:岩波書店,1981.

[38] 玉虫伶太,田丸謙二.化学変化の速度と平衡〔下〕(岩波講座現代化学4)[M]. 東京:岩波書店,1980.

[39]張博,明智清明,塙健三. 球状黒鉛鋳鉄[M]. 東京:アグネ,1983.

[40]幸田成康. 合金の析出[M]. 東京:丸善,1974:55.

[41]増本健他. アモルファス金属の基礎[M]. 東京:オーム社,1985.

[42]増本健,深道和明. アモルファス合金[M]. 東京:アグネ,1984.

[43]TAKEDA M, SHIRAI T, SUMEN S, ET AL. Stability of Metastable Phase and Micro-structures in the Ageing Process of Al－Mg－Si Ternary Alloys[C]. Tokyo: Proc. ICAA6 Keikinzokugakkai, 1998.

[44]大角泰章. 水素吸蔵合金[M]. 東京:アグネ技術センター,1993.

[45]田中良平,監修. 新金属と最新製造、加工技術[M]. 東京:総合技術出版,1988.

[46] KUBOTA K, YAMAMOTO S. Kinetics of Graphitization of Cementite[J]. Trans. JIM., 1986 (27) : 328.

术语索引